程序设计基础学习指导书
（C++）

黄庆凤　徐永兵　江　敏　编

U0259316

电子工业出版社
Publishing House of Electronics Industry
北京·BEIJING

内 容 简 介

本书是《程序设计基础（C++）》（ISBN 978-7-121-26714-7）的配套学习指导书，将知识点从另一个角度进行了梳理和归纳，其章节与《程序设计基础（C++）》对应。本书按照知识点结构图、知识点详解、常见问题讨论与常见错误分析（或二者之一）、综合案例分析、补充习题、本章实验组织内容。

考虑到初学者的认知特点及培养程序设计能力的教学要求，本书力求概念清晰、内容取舍恰当。全书共 8 章，包括：计算机基础知识、C++程序设计概述、分支结构、循环控制结构、数组与指针、函数、类与对象、继承与多态。本书特点体现在各章均按照主要知识点组织成结构图并编写序号，按照序号进行知识点详解，以方便学生查阅；每章的重难点多以问题讨论的方式呈现；对学生常见的编译错误和逻辑错误，从出错现象及原因等多个方面进行了分析，并给出改正方案。综合案例分析则是本章的知识难点和算法重点的综合应用。

本书可作为高等院校计算机与程序设计基础课程的实验教材，也可供社会各类计算机应用人员自学使用。

未经许可，不得以任何方式复制或抄袭本书之部分或全部内容。

版权所有，侵权必究。

图书在版编目（CIP）数据

程序设计基础学习指导书：C++ / 黄庆凤，徐永兵，江敏编. —北京：电子工业出版社，2015.9

ISBN 978-7-121-26967-7

I. ①程… II. ①黄… ②徐… ③江… III. ①C 语言—程序设计—高等学校—教材 IV. ①TP312

中国版本图书馆 CIP 数据核字（2015）第 193393 号

策划编辑：章海涛　　戴晨辰
责任编辑：章海涛　　　　　　文字编辑：戴晨辰
印　　刷：北京虎彩文化传播有限公司
装　　订：北京虎彩文化传播有限公司
出版发行：电子工业出版社
　　　　　北京市海淀区万寿路 173 信箱　　邮编：100036
开　　本：787×1092　1/16　　印张：14　字数：358.4 千字
版　　次：2015 年 9 月第 1 版
印　　次：2023 年 8 月第 10 次印刷
定　　价：42.00 元

前　　言

计算思维是新时期大学生应该拥有和掌握的思维方式，而程序设计则是学生计算思维能力培养的好途径。因此，近年来，不少高等院校将程序设计课程作为大学生的必修课。然而，C++语言由于其本身的难度，导致许多学生在学习中只掌握了相关语法知识，却感到无法应用这些知识，特别是独立编写程序比较困难。究其原因是学生对程序设计的精髓还没有完全掌握，只学了一点语法，缺少程序设计思想的训练。为了进一步提高学生的计算思维能力，更好地掌握程序设计思想，编写了这本学习指导书。

本书是为《程序设计基础（C++）》（ISBN 978-7-121-26714-7）编写的配套图书，除了实验部分外，本书中还增加了知识点结构图和知识点详解部分。本书的章节编排与《程序设计基础（C++）》保持一致，书中提及的"教材"指代此书。

本书是作者总结多年教学实践经验编写而成的，按程序设计的思路组织全书内容，真正讲授程序设计的方法，而不仅仅是语言本身。全书对学生会遇到的各种问题从现象到本质进行了全面分析，并把重点放在讲述程序设计方法上，注重对学生进行程序设计方法、算法和计算思维的训练，将C++语言只作为讲授程序设计的载体工具。学生通过这本书，既可以对C++的知识点掌握得更清晰、更透彻，也可以更好地应用 C++这门程序设计语言、掌握程序设计思想的内涵。

本书针对程序设计的知识模块基本采用"知识点结构图"→"知识点详解"→"常见问题讨论与常见错误分析（或二者之一）"→"综合案例分析"→"补充习题"→"本章实验"的模式组织教学内容，目的是教会学生如何利用程序设计思想编写程序，而不仅仅是背语法。

本书的全部资源可从华信教育资源网 http://www.hxedu.com.cn 注册免费下载；书中的部分资源可通过扫描书中的二维码直接获取。本书还提供了用户名和验证码，以及缺省密码123456，便于读者访问与本书配套的微课程在线视频，微课程以知识点为核心，以期帮助读者更好理解和学习相关的内容，登录方式详见封三。

本书的第 1 章由李战春编写，第 2 章由黄晓涛编写，第 3 章由徐永兵编写，第 4 章由黄庆凤编写，第 5 章由江敏编写，第 6 章由胡兵编写，第 7 章和第 8 章由李赤松编写。全书由黄庆凤统稿。对广大读者和师生对本书诚恳的建议和意见表示衷心的感谢。由于作者水平有限，书中难免存在不足和错误之处，恳请读者批评指正。如有意见或建议，请联系：qfhuang@hust.edu.cn。

作　者

目　　录

第1章

计算机基础知识

1.1 知识点结构图

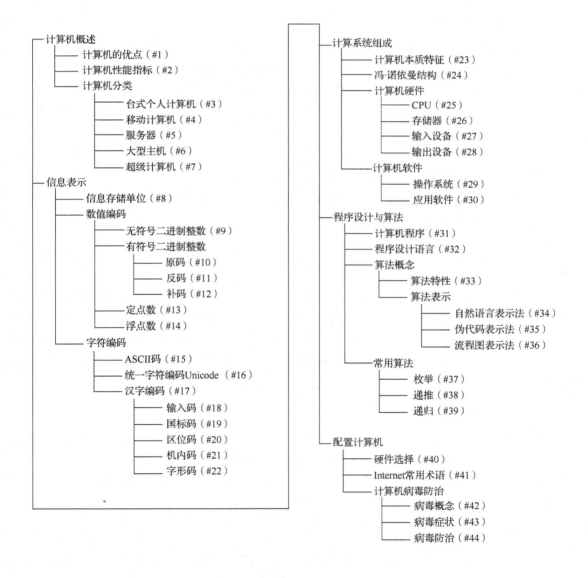

计算机概述
— 计算机的优点（#1）
— 计算机性能指标（#2）
— 计算机分类
　　— 台式个人计算机（#3）
　　— 移动计算机（#4）
　　— 服务器（#5）
　　— 大型主机（#6）
　　— 超级计算机（#7）

信息表示
— 信息存储单位（#8）
— 数值编码
　　— 无符号二进制整数（#9）
　　— 有符号二进制整数
　　　　— 原码（#10）
　　　　— 反码（#11）
　　　　— 补码（#12）
　　— 定点数（#13）
　　— 浮点数（#14）
— 字符编码
　　— ASCII码（#15）
　　— 统一字符编码Unicode（#16）
　　— 汉字编码（#17）
　　　　— 输入码（#18）
　　　　— 国标码（#19）
　　　　— 区位码（#20）
　　　　— 机内码（#21）
　　　　— 字形码（#22）

计算系统组成
— 计算机本质特征（#23）
— 冯·诺依曼结构（#24）
— 计算机硬件
　　— CPU（#25）
　　— 存储器（#26）
　　— 输入设备（#27）
　　— 输出设备（#28）
— 计算机软件
　　— 操作系统（#29）
　　— 应用软件（#30）

程序设计与算法
— 计算机程序（#31）
— 程序设计语言（#32）
— 算法概念
　　— 算法特性（#33）
　　— 算法表示
　　　　— 自然语言表示法（#34）
　　　　— 伪代码表示法（#35）
　　　　— 流程图表示法（#36）
— 常用算法
　　— 枚举（#37）
　　— 递推（#38）
　　— 递归（#39）

配置计算机
— 硬件选择（#40）
— Internet常用术语（#41）
— 计算机病毒防治
　　— 病毒概念（#42）
　　— 病毒症状（#43）
　　— 病毒防治（#44）

1.2 知识点详解

1．计算机的优点

计算机之所以在信息处理中起了至关重要的作用，与其处理问题的特点是分不开的。计算机主要有如下特点。

（1）运算速度快。

（2）计算精度高。

（3）具有记忆和逻辑判断能力。

（4）具有强大的存储能力。

（5）具有网络和通信功能。

2．计算机性能指标

计算机性能的优劣可以用多种指标衡量，主要有如下指标。

（1）字长：指计算机的运算部件一次能直接处理的二进制数据的位数。

（2）内存容量：指内存储器能够存储信息的数量，以字节为单位。

（3）主频：指中央处理器（CPU）的时钟频率。计算机的运算速度主要由 CPU 的主频决定。

（4）存取周期：指存储器连续两次读（或写）所需的最短时间。存取周期是反映内存储器性能的一项重要技术指标，直接影响计算机的速度。

（5）外设配置：指计算机的输入/输出设备及外存储器等设备的配置情况。

3．台式个人计算机

目前流行的台式个人计算机有两种：一种是兼容机，一般安装 Windows 操作系统；另一种是苹果机，一般安装 Macintosh 操作系统。

台式个人计算机是目前最流行的计算机之一，标准输入设备是键盘和鼠标，标准输出设备是显示器，硬盘作为外部存储设备用于存储各种文件、应用软件和系统软件。无论是硬件还是软件，个人计算机的发展都是最快速的。短短三十多年的时间，个人计算机的功能和性能都得到了飞速发展。个人计算机的应用领域日益扩大，并已经成为人们生活中不可或缺的一种电子设备。

4．移动计算机

移动计算机的特点：一是体积小，便于携带；二是能够连接无线通信网络。目前常见的无线通信网络有无线局域网（如 Wi-Fi）和移动通信网络（如 3G 和 4G 网络）。

笔记本计算机是常见的移动计算机，支持 Wi-Fi 无线通信网络，键盘和鼠标作为标准输入设备，显示器作为标准输出设备。

5．服务器

服务器是网络时代的产物，目前 Internet 是基于服务器的，并由服务器统一为网络用户提供服务，网站都是通过服务器上运行的软件为网络用户提供服务的。由于服务器中需要存储大量的用户访问资源，因此需要大容量的存储设备。

6．大型主机

大型主机，也称为大型计算机，一般用于处理大型商业事务，如需要同时处理成千上万客户存贷款业务的银行中心计算机。大型主机的存储能力、计算能力都非常强，能够同时支持大量客户的服务请求，但是大型主机的价格非常昂贵。因此，一般只有大型企业用于处理内部事务，或者大型服务单位用于提供客户服务时使用大型主机。

7．超级计算机

超级计算机通常由成千上万个处理器（机）组成，能计算普通个人计算机和服务器不能完成的大型复杂课题。超级计算机的性能非常高，我国的"天河二号"超级计算机系统最高运算速度达到每秒5.49亿亿次运算。超级计算机主要用于石油勘探、高端装备研制、生物医药、动漫设计、新能源、新材料、工程设计与仿真、气象预报、遥感数据出口、金融风险分析等领域。超级计算机的研发水平往往体现了一个国家的科技综合实力。

8．信息存储单位

在信息的存储单位中，位（bit）是度量数据的最小单位，简记为b，一个b只能表示为0或1。通常，字节（Byte）是最常用的基本单位，简记为B，1B=8b。

信息存储单位换算公式如下。

KB：1KB=1024B。

MB：1MB=1024KB。

GB：1GB=1024MB。

TB：1TB=1024GB。

9．无符号二进制整数

无符号二进制整数是大于等于零的整数，二进制数的每一位都代表具体的数值。其中，当运算结果超出数据表示范围时称为"溢出"。以8位无符号二进制数为例，当运算结果大于255时，就会产生"溢出"。例如：

11001000+01000001=100001001（最高位1溢出）

可见，当编码字节越长，数值表示范围越大，越不容易导致"溢出"问题。不同存储长度，无符号十进制数84的编码形式如下：

1字节存储　01010100

2字节存储　00000000　　01010100

4字节存储　00000000　　00000000　　00000000　　01010100

🔔 拓展："空间换时间"的计算思维方式：如果小数值用1字节存储，大数值用多字节存储，则需要增加定义数据长度位，故这种变长存储会使计算复杂化，计算时需要对每个数据进行长度判断。因此，程序设计时先要定义数据类型，同一类型数据采用统一存储长度。这样虽然会浪费一些存储空间，但提高了运算速度。

10. 原码

在处理有符号的二进制整数时，原码遵循下列原则。

（1）计算机用最高位作为符号位，0 表示正数，1 表示负数，其余位表示数值大小。

（2）符号化的二进制数称为机器数或原码。

（3）没有符号化的数称为真值。

（4）机器数长度固定（如 8、16、32、64 位）。

（5）当二进制数位数不够时，在最高位前用 0 补足。

例如，二进制数+1010 和−1010 的真值与原码机器数区别如表 1.1 所示。

表 1.1 真值与原码机器数区别

真　　值	8 位机器数（原码）	16 位机器数（原码）
+10110	00010110	00000000　00010110
−10110	10010110	10000000　00010110

11. 反码

反码符号位与原码约定相同，正数的补码与原码相同，负数的补码是在原码的基础上按位取反再加 1。例如，二进制数+1010 和−1010 的真值与反码机器数区别如表 1.2 所示。

表 1.2 真值与反码机器数区别

真　　值	8 位机器数（反码）	16 位机器数（反码）
+10110	00010110	00000000　00010110
−10110	11101001	11111111　11101001

12. 补码

补码符号位与原码约定相同，正数的补码与原码相同，负数的补码是在原码的基础上按位取反，再加 1。例如，二进制数+1010 和−1010 的真值与补码机器数区别如表 1.3 所示。

表 1.3 真值与补码机器数区别

真　　值	8 位机器数（补码）	16 位机器数（补码）
+10110	00010110	00000000　00010110
−10110	11101010	11111111　11101010

13. 定点数

由于小数点固定位置的不同，定点表示法可以分为定点整数和定点小数表示法。前者小数点固定在数的最低位，后者小数点固定在数的最高位之前，如图 1.1 所示。

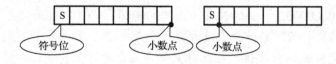

图 1.1 定点数的小数点位置

因此，计算机采用定点数表示时，只能表示整数或者小于 1 的纯小数。例如，将二进制数 0.1001001001 分别用 1 个和 2 个字节存储为定点小数的结果如下。

1个字节表示：

0 1 0 0 1 0 0 1

2个字节表示：

0 1 0 0 1 0 0 1 0 0 1 0 0 0 0 0

从上面的例子可见，增加存储长度可以提高小数的精度。

14．浮点数

任何一个实数可以表示成一个纯小数和一个乘幂之积的形式。例如：

$$N = 2^{\pm E} \times (\pm S)$$

式中，E 为阶码，是一个二进制整数；E 前的"±"号为阶码的正负号，称其为阶符；S 为尾数，是一个二进制正小数；S 前的"±"号为尾数的正负号，称其为尾符。"2"为阶码 E 的底数。例如，二进制数 +101.1 和 −10.11 的记阶表示形式为：

$$+101.1 = 2^{+11} \times (+0.1011) \begin{cases} E = 11, & \text{阶符为"+"} \\ S = 0.1011, & \text{尾符为"+"} \end{cases}$$

$$-10.11 = 2^{+10} \times (-0.1011) \begin{cases} E = 10, & \text{阶符为"+"} \\ S = 0.1011, & \text{尾符为"−"} \end{cases}$$

采用记阶表示法后，则计算机只需要表示出它的阶码、尾数及其符号，阶码的底数"2"可以不表示出来。若用 8 位字长中的 2 位表示阶码，4 位表示尾数，另外 2 位分别表示阶符和尾符，则上述两个二进制数在计算机内的浮点表示形式如图 1.2 所示。

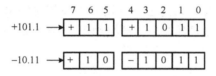

图 1.2　浮点表示形式

比较 +101.1 和 −10.11 两数可知，它们的有效数字（1011）是完全相同的，只是正、负号和小数点的位置不同，小数点的位置是随阶码的大小变化而"浮动"的。

可见，二进制浮点数的特征如下。

（1）尾数的位数决定数的精度。

（2）阶码的位数决定数的范围。

【例 1.1】 写出 $[-0.00011011]_2$ 的 32 位编码。

解：$[-0.00011011]_2 = [-0.11011]_2 \times 2^{-11}$

阶符　　　　阶码　　　　尾符　　　　　　　　尾数
　1　　　　0000011　　　　1　　　　11011000 00000000 0000000

以上数据在计算机中的 32 位存储格式如下：

　10000011　　　　　11101100　　　　　00000000　　　　　00000000

🔔 拓展：实际使用的 IEEE 754 标准规定的浮点数格式如下：

符号位 S　　　　　　　阶码 E　　　　　　　尾数 M

其中阶码用移码表示，符号位用于表示尾数的符号位。

IEEE 754 标准有 32 位二进制数表示的浮点数和 64 位二进制数表示的浮点数，它们的具体规格如表 1.4 所示。

表 1.4　单精度与双精度浮点数规格

浮点数规格	总长（位）	符号位 S（位）	阶码 E（位）	尾数 M（位）
单精度浮点数规格	32	1	8	23
双精度浮点数规格	64	1	11	52

其中 8 位移码的规则为：移码=真值+127。11 位移码的规则为：移码=真值+1023。

【例 1.2】　写出十进制数 26.0 的 32 位 IEEE 754 编码。

解：$(26.0)_{10}=(11010.0)_2=+1.10100\times2^4$

阶码：$4+127=131=(10000011)_2$

符号位：+为 0

尾数：11010000 00000000 0000000

故数据在计算机中的 IEEE 754 编码 32 位存储格式如下：

01000001　11101010　00000000　00000000

S　　　E　　　　　　M

15. ASCII 码

ASCII 码占 1 个字节，有 7 位的 ASCII 码和 8 位的 ASCII 码两种。7 位的 ASCII 码称为标准 ASCII 码，8 位的 ASCII 码称为扩充 ASCII 码。7 位二进制数有 128 种组合，表示 128 个不同的字符，其中 95 个字符可以显示，包括大小写英文字母、数字、运算符号、标点符号等；另外的 33 个字符是不可显示的，它们是控制码，编码值为 0～31 和 127，如回车符（CR）编码为 13。

16. 统一字符编码 Unicode

使用扩展的 ASCII 码所提供的 256 个字符来表示世界各国的文字编码还显得不够，还需要表示更多的字符和意义，因此又出现了 Unicode 编码。

Unicode 是一种 16 位的编码，能够表示 65000 多个字符或符号。目前世界上的各种语言一般所使用的字母或符号在 3400 个左右，所以 Unicode 编码可以用于任何一种语言。

Unicode 编码与现在流行的 ASCII 码完全兼容，二者的前 256 个符号是一样的。目前，Unicode 编码已经在 Windows NT、OS/2、Office 2010 等软件中使用。

17. 汉字编码

计算机在处理汉字时也要将其转换为二进制码，这就需要对汉字进行编码。由于汉字是象形文字，数目很多，常用汉字就有 3000～5000 个，加上汉字的形状和笔画的多少差异极大，因此，不可能用少数几个确定的符号将汉字完全表示出来，或像英文那样将汉字拼写出来。每个汉字必须有它自己独特的编码。计算机对汉字的处理过程如图 1.3 所示。

在这个过程中用到了汉字输入码、国标码、机内码和字形码等。

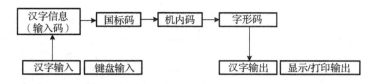

图 1.3 汉字的处理过程

18．输入码

为将汉字输入计算机而编制的代码称为输入码，也叫外码。输入码都是由键盘上的字符或数字组合而成，它是根据汉字的发音或字形结构等多种属性及有关规则编制的，目前流行的输入码的编码方案有很多种，如全拼输入法、双拼输入法、自然码输入法、五笔输入法等。

19．国标码

国标码，也叫汉字信息交换码。用于汉字信息处理系统之间或汉字信息处理系统与通信系统之间的信息交换。它是为使系统、设备之间信息交换时能够采用统一的形式而制定的。我国国家标准 GB2312-80《信息交换用汉字编码字符集》中规定：

（1）1 个汉字用 2 个字节表示；

（2）每个字节只使用低 7 位，最高位为 0；

（3）共收录 6763 个简体汉字、682 个符号；

（4）一级汉字 3755 个，以拼音排序；

（5）二级汉字 3008 个，以偏旁排序。

为了中英文兼容，国标 GB2312-80 规定，国标码中所有字符的每个字节的编码范围与 ASCII 码表中的 94 个字符编码相一致。所以，其编码范围是 2121H～7E7EH（共可表示 94×94 个字符）。

20．区位码

类似于 ASCII 码表，国标码也有一张国标码表。简单地说，把 7445 个国标码放置在一个 94 行×94 列的阵列中，阵列的每一行称为一个汉字的"区"，用区号表示；每一列称为一个汉字的"位"，用位号表示。区号范围是 1～94，位号范围也是 1～94。这样，一个汉字在表中的位置可用它所在的区号与位号来确定。一个汉字的区号与位号的组合就是该汉字的"区位码"。实际上，区位码也是一种输入法，其最大优点是一字一码的无重码输入法，最大的缺点是难以记忆。

21．机内码

机内码是为计算机内部对汉字进行存储、处理而设置的汉字编码。当一个汉字输入计算机后就转换为机内码，然后才能在机器内传输、处理。对应于国标码，汉字的机内码也用 2 个字节存储，并把每个字节的最高位置"1"作为汉字机内码的标识。也就是说，国标码的 2 个字节每个字节最高位置"1"，即转换为机内码。

   拓展：机内码、国标码和区位码对照如图 1.4 所示。

机内码			A1	A2	A3	···	AA	AB	···	AF	B0	B1	···	F9	FA	FB	FC	FD	FE	
	国标码		21	22	23	···	2A	2B	···	2F	30	31	···	79	7A	7B	7C	7D	7E	编码
		区位码	01	02	03	···	10	11	···	15	16	17	···	89	90	91	92	93	94	
A1	21	01	、	*	···	···	—	~	···	'	"	"	···	※	→	←	↑	↓	═	
A2	22	02	i	ii	iii	···	×	···	···	···	1.	···	IX	X	XI	XII				
A3	23	03	!	"	#	···	*	+	···	/	0	1	···	y	z	{	|	}	—	符号区
···	···	···	···	···	···	···	···	···	···	···	···	···	···	···	···	···	···	···	
A8	28	08	ā	á	â	···	ǐ	ì	···	ǒ	ǒ	ū	···							
A9	29	09	···	···	···	···	⋮	⋮	···	┌	┐	···							
···	···	···					··· 空区 ···													
B0	30	16	啊	阿	埃	···	蔼	矮	···	隘	鞍	氨	···	谤	苞	胞	包	褒	剥	
B1	31	17	薄	雹	保	···	豹	鲍	···	悲	卑	北	···	冰	柄	丙	秉	饼	炳	
D6	56	54	帧	症	郑	···	知	肢	···	织	职	直	···	柱	助	蛀	贮	铸	筑	一级字库
D7	57	55	住	注	祝	···	转	撰	···	庄	装	妆	···	座						
D8	58	56	亍	丌	兀	···	禼	奅	···	丿	匕	乇	···	亾	伭	伜	攸	佚	佝	
D9	59	57	佟	佗	伲	···	侏	佾	···	侬	伴	侇	···	赢	赢	冫	冱	冽	洗	
···	···	···	···	···	···	···	···	···	···	···	···	···	···	···	···	···	···	···	
F6	76	86	鮋	鯠	鱓	···	霆	霠	···	霏	靌	靍	···	鳄	鳅	鳆	鳇	鳊	鳎	二级字库
F7	77	87	鳌	鳍	鳎	···	鳖	鳙	···	鳢	鲥	鲼	···	颥	颙	颦	舫	舸	艋	
···	···	···					··· 空区 ···													
FE	7E	94					空区													

图 1.4　机内码、国标码和区位码对照

22．字形码

ASCII 和 GB2312-80 解决了信息的存储、传输、计算和处理等问题。字符的显示和打印输出时，需要另外对字形编码。通常，将所有字形码的集合称为字库。计算机中有几十种中英文字库。

字形码有点阵字形和矢量字形两种类型。

（1）点阵字形码

点阵字形码将每个字符分成 16×16（或其他分辨率）的点阵图像，然后用图像点的有无（一般为黑白）表示字形的轮廓。缺点是不能放大，放大后字符边缘会出现锯齿现象。

（2）矢量字形码

矢量字形码保存每个字符的数学描述信息，如笔画的起始、终止坐标，半径、弧度等。显示和打印矢量字形时，要经过一系列的运算才能输出结果。矢量字形码可以无限放大，笔画轮廓仍然保持圆滑。

Windows 中绝大部分为矢量字形码，只有很小的字符采用点阵字形码。

23．计算机本质特征

计算机的本质特征是抽象和自动化。

抽象具体表现在数据抽象和过程抽象两方面。数据抽象就是将所有信息转换成二进制数的过程。所有的信息，包括数值、文本、图形、图像、声音和视频等均以二进制数的形式存储和处理。过程抽象是将解决问题的过程用一系列计算机指令描述的过程。

自动化是用计算机能够理解、执行的一系列指令描述运算过程的步骤和涉及的数据，并且计算机能自动执行这一系列指令，实现运算过程的自动化。

24．冯·诺依曼结构

冯·诺依曼结构用二进制数表示所有信息，实现了数据抽象。冯·诺依曼结构存储程序思想的应用：一是可以定义通用指令系统，且用二进制数表示指令，因此可以用存储器统一存储数据和指令；二是可以用一系列指令描述完成运算过程的步骤和运算过程涉及的原始数据，且通过计算机自动执行这一系列指令，实现运算过程的自动化；三是用一系列指令描述的运算过程步骤适用于所有运算对象。传统的冯·诺依曼结构如图1.5所示。

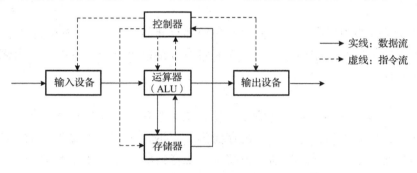

图 1.5　传统的冯·诺依曼结构

随着时代的发展，计算机主要部件的集成化大大加强，应用范围也从单一的数值计算扩大到多种应用。在操作系统出现以后，计算机的控制核心由控制器变成了操作系统。

因此，目前的计算机结构基本遵循冯·诺依曼的设计思想，但是结构上有一些变化，主要表现如下。

（1）连接线路变成了总线。

（2）运算器与控制器集成在一起变成了 CPU。

（3）原来控制器的功能被操作系统取代。

（4）目前计算机系统由程序进行控制。例如，进程管理（处理器管理）、存储管理、设备管理和文件管理等，都由相应的程序实现。

目前，冯·诺依曼计算机结构如图1.6所示。

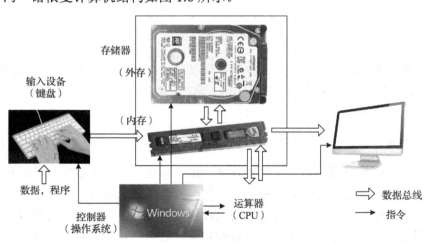

图 1.6　冯·诺依曼计算机结构

25．CPU

CPU 包括运算器和控制器两大部件，是一块超大规模的集成电路，是计算机的运算核心和控制核心。CPU 的功能主要是解释计算机指令及处理计算机软件中的数据。

（1）运算器（ALU，Arithmetic and Logic Unit）的功能是完成各种算术运算和逻辑运算。

（2）控制器（CU，Control Unit）用于控制计算机的各个部件协调工作。

26．存储器

存储器的类型分为内部存储器（内存）和外部存储器（外存）。内存通过总线与 CPU 相连，用来存放正在执行的程序和数据；外存需要通过接口电路与主机相连，用来存放暂时不执行的程序和数据。

（1）内存

内存是用 CMOS（互补金属氧化物半导体）工艺制作的半导体存储芯片，内存断电后，程序和数据都会丢失。内存类型分为随机存储器（RAM）和只读存储器（ROM），由于只读存储器使用不方便，性能极低，目前已被淘汰，现在的随机存储器分为 DRAM 和 SRAM。其中 DRAM 是利用电容保存数据，结构简单，成本较低，但是由于电容漏电，数据容易丢失，必须定时充电（内存动态刷新）。SRAM 是利用晶体管保存数据，速度快，不需要刷新，但是结构复杂，用在 CPU 内部作为高速缓存（Cache）。

（2）外存

外存的要求是：能够保存大量数据，价格便宜，断电后数据不丢失。其中电子硬盘、U盘、存储卡等使用半导体材料，而硬盘使用磁介质材料，CD-ROM、DVD-ROM、BD-ROM等使用光介质材料。

27．输入设备

输入设备是向计算机输入数据和信息的设备，是用户和计算机系统之间进行信息交换的主要装置之一。键盘、鼠标、摄像头、扫描仪、光笔、手写输入板、游戏杆、语音输入装置等都属于输入设备。

28．输出设备

输出设备用于数据的输出，是人与计算机交互的一种部件。它把各种计算结果数据或信息以数字、字符、图像、声音等形式表示出来。常见的输出设备有显示器、打印机、绘图仪、影像输出系统、语音输出系统、磁记录设备等。

29．操作系统

操作系统是计算机系统中的一个系统软件，操作系统能有效地组织和管理计算机系统中的硬件及软件资源，合理组织计算机的工作流程，控制程序的执行，并向用户提供各种服务功能，使得用户能够灵活、方便和有效地使用计算机，使整个计算机系统高效地运行。

操作系统的主要任务是管理计算机系统的软硬件资源。从资源管理的角度而言，操作系统主要有如下功能。

（1）处理器管理

处理器管理的主要任务是对处理器进行分配，并且对其运行进行有效地控制和管理。处理器管理的内容包括进程控制、进程同步、进程通信、进程调度等。

（2）存储管理

存储管理的主要任务是为多道程序的运行提供良好的主存环境，方便用户使用主存储器，提高主存储器的利用率，并且能从逻辑上扩充主存储器。

（3）设备管理

设备管理的主要任务是完成用户提出的输入/输出请求，为用户分配输入/输出设备，提高 CPU 与输入/输出设备的利用率，提高输入/输出设备的运行速度，方便用户使用输入/输出设备。

（4）软件资源管理

软件资源管理（也就是文件系统）的主要任务是对用户文件和系统文件进行管理，方便用户使用，并且保证文件的安全性。

🔔 扩展：操作系统的发展

1949 年，莫里斯·威尔克斯（Maurice Vincent Wilkes）领导设计了 EDSAC（第一台冯·诺依曼结构计算机），并提出程序代码库（操作系统的起源），微程序设计，宏指令，高速缓存等技术。

1955 年，鲍勃·帕特里克（Bob Patrick）设计出 GM OS & GM-NAA I/O（最早的操作系统）。

1957 年，贝尔实验室设计出 BYSYS（分时操作系统）。

1958 年，密歇根大学设计出 UMES（批处理操作系统）。

1964 年，IBM 设计出 OS/360（实现虚拟存储）。

1967 年，IBM 设计出 OS/360 MVT（实现多任务）。

1969 年，贝尔实验室设计出 UNIX（多用户、多任务）。

1981 年，微软设计出 MS-DOS 1.0（字符界面）。

1990 年，微软设计出 Windows 3.0（图形界面）。

1991 年，林纳斯·托瓦兹（Linus Torvalds）设计出 Linux（开源）。

2007 年，谷歌设计出 Android（嵌入式）。

30. 应用软件

应用软件是指为了解决各种计算机应用中的实际问题而编制的程序。应用软件可分为办公软件、互联网软件、多媒体软件、辅助设计软件和商务软件等。

31. 计算机程序

计算机程序，简称程序，是指一组指示计算机或其他具有信息处理能力装置的动作指令，通常用某种程序设计语言编写，运行于某种目标体系结构上。

32. 程序设计语言

程序设计语言是一组用来书写计算机程序的语法规则。程序设计语言提供了一种数据表达方法与处理数据的功能，编程人员必须按照语言所要求的规范（即语法要求）进行编程。

程序设计语言按照语言级别可以分为低级语言和高级语言。低级语言有机器语言和汇编语言，其与特定的机器有关且执行效率高，但使用相对复杂、烦琐，编程费时、易出差错。高级语言的表示方法要比低级语言更接近待解问题的表示方法，其特点是一定程度上与具体机器无关，易学、易用、易维护。

33．算法特性

算法是特定问题求解步骤的一种描述，是指令的有限序列，每条指令表示一个或多个操作，包括如下特性。

（1）有穷性：一个算法应包含有限的操作步骤而不能是无限的，应当在执行一定数量的步骤后结束，不能陷入死循环。

（2）确定性：指算法中的每一个步骤应当是确定的，不能含糊、模棱两可，也就是说算法不能产生歧义。

（3）有零个或多个输入：算法执行时从外界获取必要的信息。

（4）有一个或多个输出：算法必须得到结果，没有结果的算法没有意义。

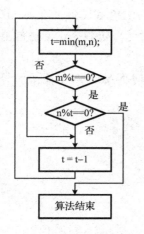

图 1.7　最大公约数算法

（5）有效性：算法中的每一个步骤应当能够有效地执行，并得到确定的结果。

图 1.7 所示的流程就是求解两个正整数 m 和 n 的最大公约数的算法，求解时需要注意如下问题。

（1）一旦给定两个正整数 m 和 n，根据图 1.7 所示流程，经过有限步骤一定可以求出它们的最大公约数，每一个步骤可以在有限的时间完成。

（2）对于特定的正整数 m 和 n，求解它们的最大公约数的执行路径是确定的。

（3）算法中的每一个步骤可以用计算机语言的一条或几条语句实现。

（4）两个正整数 m 和 n 作为输入。

（5）两个正整数 m 和 n 的最大公约数作为输出。

34．自然语言表示法

用自然语言表示算法的优点是简单，便于阅读；缺点是文字冗长，容易出现歧义。

【例 1.3】　用自然语言描述计算并输出 $z=x \div y$ 的流程如下。

（1）输入变量 x, y。

（2）判断 y 是否为 0。

（3）如果 $y=0$，则输出出错提示信息。

（4）否则计算 $z=x/y$。

（5）输出 z。

35．伪代码表示法

伪代码是一种算法描述语言，它没有标准，用类似自然语言的形式表达，且必须做到结构清晰、代码简单、可读性好。

【例1.4】 用伪代码描述从键盘输入3个数，输出其中最大的数，其步骤如下所示。

（1）	Begin	/* 算法伪代码开始 */
（2）	输入 A，B，C	/* 输入变量A、B、C */
（3）	if A>B then Max←A	/* 条件判断，如果A大于B，则赋值Max=A */
（4）	else Max←B	/* 否则将B赋值给Max */
（5）	if C>Max then Max←C	/* 如果C大于Max，则赋值Max=C */
（6）	输出 Max	/* 输出最大数Max */
（7）	End	/* 算法伪代码结束 */

36. 流程图表示法

流程图由特定意义的图形构成，如图1.8所示，它能表示程序的运行过程，其规定如下。

（1）圆边框表示算法开始或结束。

（2）矩形框表示处理功能。

（3）平行四边形框表示数据的输入或输出。

（4）菱形框表示条件判断。

（5）箭头线表示算法处理流程。

（6）圆圈表示连接点。

（7）Y（是）表示条件成立。

（8）N（否）表示条件不成立。

【例1.5】 根据输入的 x 值计算 y 值，算法流程图如图1.9所示。

$$y = \begin{cases} x^2+1 & x \leqslant 2.5 \\ x^2-1 & x > 2.5 \end{cases}$$

算法步骤：

（1）输入 x；

（2）如果 x ≤ 2.5，则 $y=x^2+1$；
　　　输出 y；

（3）如果 x>2.5，则 $y=x^2-1$；
　　　输出 y。

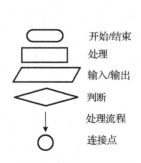

图1.8　图形表示意义

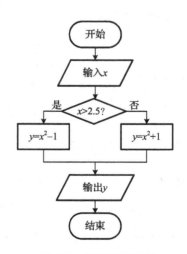

图1.9　流程图表示法

37. 枚举

枚举法也称为列举法、穷举法，是蛮力策略的体现，又称为蛮力法。枚举是一种简单而直接地解决问题的方法，其基本思想是逐一列举问题所涉及的所有情形。应用枚举时应注意对问题所涉及的有限种情形进行一一列举，既不能重复，也不能遗漏。

枚举算法可以概括成以下 4 步。

（1）根据问题的具体情况确定枚举量（简单变量或数组）。

（2）根据问题的具体实际确定枚举范围，设置枚举循环。

（3）根据问题的具体要求确定筛选（约束）条件。

（4）设计枚举程序并运行、调试，对运行结果进行分析与讨论。

枚举的框架描述如下：

```
n=0;
for(k=<区间下限>;k<=<区间上限>;k++)        //控制枚举范围
  if(<约束条件>)                          //根据约束条件实施筛选
    {
      cout<满足要求的解>;                  //输出解
      n++;                                //统计解的个数
    }
```

【例 1.6】 解佩尔方程。

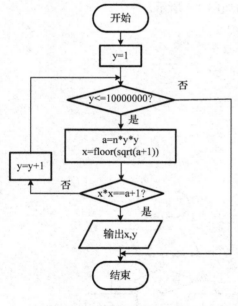

图 1.10 例 1.6 算法流程图

佩尔方程是关于 $x，y$ 的二次不定方程

$$x^2 - n \cdot y^2 = 1 \quad （其中 n 为非平方正整数）$$

分析：当 $x=1$ 或 $x=-1$，$y=0$ 时，显然满足方程。常把 $x，y$ 中有一个为零的解称为平凡解。现在要求佩尔方程的非平凡解。方法为：设置 y 从 1 开始递增 1 取值，对于每一个 y 值，计算 $a=n \cdot y \cdot y$ 后判别；若 $a+1$ 为某一整数 x 的平方，则（$x，y$）即为所求佩尔方程的基本解。若 $a+1$ 不是平方数，则 y 增 1 后再试，直到找到解为止。

应用以上枚举探求，如果解的位数不太大，总可以求出相应的基本解。如果基本解太大，应用枚举将无法找到基本解，所以可约定一个枚举上限，例如 10000000。可把 y<=10000000 作为循环条件，当 y>10000000 时结束循环，输出"未求出该方程的基本解！"而结束。

算法流程图如图 1.10 所示。

38. 递推

递推是利用问题本身所具有的递推关系求解问题的一种方法，在命题归纳时，可以由 $n-k,\cdots,n-1$ 的情形推得 n 的情形。递推算法的基本思想是把一个复杂的庞大的计算过程转化为简单过程的多次重复，该算法充分利用了计算机运算速度快和不知疲倦的特点，从头开始一步步地推出问题最终的结果。一个有规律的序列，其相邻位置上的项之间通常存在着一定的关系，可以借助已知的项，利用特定的关系逐项推算出其后继项的值，直到找到所需的那一项为止。

递推算法的首要问题是得到相邻的数据项之间的关系，即递推关系。递推关系是一种高效的数学模型，是递推应用的核心。递推关系不仅在各数学分支中发挥着重要的作用，由它所体现出来的递推思想在各学科领域中更是显示出独特的魅力。

递推算法可以概括成以下 4 步。

（1）确定递推变量：递推变量可以是简单变量，也可以是一维或多维数组。

（2）建立递推关系：递推关系是递推的依据，是解决递推问题的关键。

（3）确定初始（边界）条件：根据问题最简单情形的数据确定递推变量的初始（边界）值，这是递推的基础。

（4）对递推过程进行控制：递推在什么时候结束，满足什么条件时结束。

递推算法的框架描述如下：

```
f(1)=<初始值>;                    //确定初始值
for(k=i;k<=n;k++)
    f(k)=<递推关系式>;            //根据递推关系实施顺推
cout<<(f(n));                    //输出 n 规模的解 f(n)
```

【例 1.7】 摆动数列问题。已知递推数列：

$$a[1]=1, a[2i]=a[i]+1, a[2i+1]=a[i]+a[i+1] \quad (i \text{ 为正整数})$$

试求该数列的第 n 项和前 n 项中最大项的序号及最大项的值。根据已知条件，解题的思路如下。

（1）设置 a 数组，赋初值 a[1]=1。

（2）根据递推式，在 i 循环中数据项序号 $i(2, 3, \cdots, n)$ 为奇或偶时做不同递推：

若偶数 a[i]=a[i/2]+1；

若奇数 a[i]=a[(i+1)/2]+a[(i−1)/2]。

（3）每得到一项 a[i]，与最大值 max 做比较，如果 a[i]>max，则 max=a[i]。

（4）在得到最大值 max 后，最后在所有 n 项中搜索哪些项为最大项（因为最大项可能多于一项），并输出最大值 max 及所有搜索得到的最大项，算法流程图如图 1.11 所示。

39．递归

递归是一个过程或函数在其定义中直接或间接调用自身的一种方法，就是利用系统堆栈，实现函数自身调用或相互调用的过程。在通往边界的过程中，都会把单步地址保存下来，再按照先进后出的原则进行运算。递归算法通过函数或过程调用自身，将问题转化为本质相同但规模较小的子问题，是分治策略的具体体现。递归需要有递归关系式与边界条件，递归过程有递归前进段和递归返回段。当边界条件不满足时，递归前进；当边界条件满足时，递归返回。

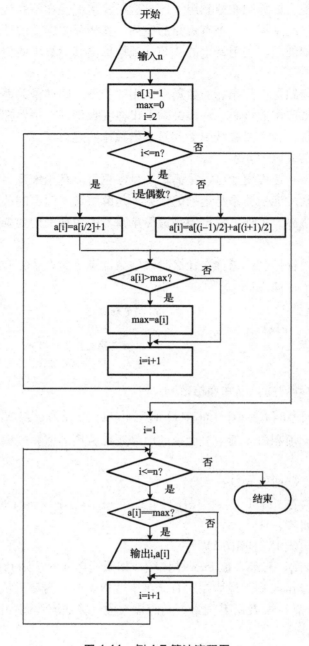

图 1.11 例 1.7 算法流程图

递归算法可以概括成以下四步。

（1）根据实际构建递归关系。

（2）确定递归边界。

（3）编写递归函数。

（4）设计主函数调用递归函数。

【例 1.8】 一场球赛开始前，售票工作正在紧张进行中。每张球票为 50 元，有 *m*+*n* 个人排队等待购票，其中有 *m* 个人手持 50 元的钞票，另外 *n* 个人手持 100 元的钞票，求出这 *m*+*n*

个人排队购票，使售票处不至出现找不开钱的局面的不同排队种数。（约定：开始售票时售票处没有零钱，拿同样面值钞票的人对换位置为同一种排队方式。）

分析：递归设计要点是令 f(m,n)表示在有 m 个人手持 50 元的钞票，n 个人手持 100 元的钞票时的排队总数，然后分以下三种情况来讨论。

（1）n=0

n=0 意味着排队购票的所有人手中拿的都是 50 元的钱币，注意拿同样面值钞票的人对换位置为同一种排队方式，那么这 m 个人的排队总数为 1，即 f(m,0)=1。

（2）m<n

当 m<n 时，即在购票的人中持 50 元的人数小于持 100 元的人数，即使把 m 张 50 元的钞票都找出去，仍会出现找不开钱的局面，这时排队总数为 0，即 f(m,n)=0。

（3）其他情况

① 第 m+n 个人手持 100 元的钞票，则在他之前的 m+n−1 个人中有 m 个人手持 50 元的钞票，有 n−1 个人手持 100 元的钞票，此种情况排队总数为 f(m,n−1)。

② 第 m+n 个人手持 50 元的钞票，则在他之前的 m+n−1 个人中有 m−1 个人手持 50 元的钞票，有 n 个人手持 100 元的钞票，此种情况排队总数为 f(m−1,n)。

由加法原理得到 f(m,n)的递归关系：f(m,n)=f(m,n−1)+f(m−1,n)

初始条件：

① 当 m<n 时，f(m,n)=0；

② 当 n=0 时，f(m,n)=1。

购票排队的递归描述如下：

```
long f(int m, int n)
{
long y;
   if(n==0) y=1;                    //确定初始条件 1
   else if(m<n) y=0;               //确定初始条件 2
   else y=f(m-1,n)+f(m,n-1);        //实施递归
   return(y);
}
```

40. 硬件选择

硬件选择是指选择构成计算机的各种硬部件的类型、型号等。主要需要选择的硬件包括：

（1）CPU 的型号；

（2）内存的类型与容量；

（3）硬盘的类型与容量；

（4）显示器的尺寸与分辨率；

（5）声卡、显卡、以太网卡的型号。

41. Internet 常用术语

（1）协议

协议是指计算机在网络中实现通信时必须遵守的约定。

（2）TCP/IP 协议

TCP/IP 协议是 Internet 最基本的协议，是 Internet 互联网络的基础。TCP/IP 协议由网络层的 IP 协议和传输层的 TCP 协议组成。TCP/IP 定义了电子设备如何连入因特网及数据如何在它们之间传输的标准。

（3）IP 地址

IP 地址是指互联网协议地址。IP 地址是 IP 协议提供的一种统一的地址格式，它为互联网上的每一个网络和每一台主机分配一个逻辑地址，以此来屏蔽物理地址的差异。

（4）子网掩码

子网掩码是一种用来指明一个 IP 地址的哪些位标识的是主机的子网及哪些位标识的是主机的位掩码。

（5）网关和网关地址

网关是一个网络连接到另一个网络的"关口"。

网关地址对于每个网络也是唯一的，由网络管理员负责在路由器或交换机上设置。计算机 IP 地址必须与网关地址在同一个网段。

（6）域名和域名系统

域名是与 IP 地址相对应的一串容易记忆的字符，是由一串用点分隔的名字组成的，表示 Internet 上某一台计算机或计算机组的名称。

域名系统是因特网的一项核心服务，作为可以将域名和 IP 地址相互映射的一个分布式数据库，它能够使用户更加方便地访问互联网，而不用去记住被机器读取的 IP 数串。

42．病毒概念

计算机病毒是指编制者在计算机程序中插入的破坏计算功能或者数据，影响计算机使用，并且能够自我复制的一组计算机指令或者程序代码，计算机病毒具有如下特征：

（1）能够感染其他程序，所谓感染，是指它可以成为其他程序的一部分，而又不容易被该程序的使用者发现。

（2）一旦执行感染了病毒的程序，病毒可以控制计算机资源，并实施感染和其他破坏性操作。

（3）病毒可以嵌入在各种文件中传输给用户，感染用户其他文件，并再次扩散。

（4）网络已经成为扩散病毒的最好途径。

43．病毒症状

计算机感染病毒后的主要症状有：启动或运行速度减慢；文件大小、日期发生变化；死机增多；莫名其妙地丢失文件；磁盘空间不应有的减少；有规律地出现异常信息；自动生成一些特殊文件；无缘无故地出现打印故障等。

44．病毒防治

为了有效防治计算机病毒，可采取以下措施。
（1）建立良好的安全习惯。
（2）关闭或删除系统中不需要的服务。

（3）经常升级安全补丁。

（4）安装专业的杀毒软件进行全面监控。

1.3 常见问题讨论

1. 计算机中的数值广泛采用补码的形式进行存储和计算的原因

原码在二进制数运算中存在原码运算复杂性的问题。第一，做 $x+y$ 运算时，要判别两个数的符号，增加了运算时间。第二，原码会出现$[00000000]_2=[+0]_{10}$，$[10000000]_2=[-0]_{10}$ 的"正 **0** 负 **0**"问题。第三，符号位会对运算结果产生影响，导致运算出错。

$[01000010]_2+[01000001]_2=[10000011]_2$（进位导致的错误）

$[00000010]_2+[10000001]_2=[10000011]_2$（符号位相加导致的错误）

把正数和负数都转换为补码形式，使减法变成加一个负数的形式，从而使正负数的加减运算转换为单纯的加法运算。采用补码运算时，有以下规定。

（1）补码两数加法运算时，结果仍为补码。

（2）补码的符号位可以与数值位一同参与运算。

（3）运算结果如有进位，判断是否溢出；如果不是溢出，则将进位舍去不要。

（4）不论对正数和负数，补码都具有以下性质：

$$[A]_{补}+[B]_{补}=[A+B]_{补}$$

$$[\,[A]_{补}\,]_{补}=[A]_{原}$$

下面以一个例子来详细说明。

【例 1.9】 $A=[-70]_{10}$，$B=[-55]_{10}$，求 A 与 B 之和。

（1）将 A、B 转换为补码：

$[-70]_{10}=[-(64+4+2)]_{10}=[11000110]_{原}=[10111001]_{反}+[00000001]=[10111010]_{补}$

$[-55]_{10}=[-(32+16+4+2+1)]_{10}=[10110111]_{原}=[11001000]_{反}+[00000001]=[11001001]_{补}$

（2）进行补码加法运算：

```
                    10111010
        +           11001001
        _____
进位 1 自然丢失→   1   10000011
```

（3）将运算结果（补码）进行求补运算（取反加 1），得到原码：

$[10000011]_{补}=[11111100]_{反}+[00000001]=[11111101]_{原}=[-125]_{10}$

从上述的例子可以得到以下结论。

（1）补码加法运算不用考虑数值正负，直接进行补码加法即可。

（2）减法可以通过补码的加法运算实现。

（3）如果运算结果最高位为 0，表示结果为正数。

（4）如果最高位为 1，则结果为负数。

综上所述，二进制数的补码可以带符号运算，而运算结果不会产生错误。所以，计算机中的数值广泛采用补码的形式进行存储和计算。

2. 二进制小数会存在误差的原因

二进制小数的误差通常也叫截断误差，一般分为浮点数存储空间不够引起的截断误差和数值转换引起的截断误差两种。

（1）浮点数存储空间不够引起的截断误差，也叫舍入误差。二进制浮点数存储时，如果尾数存储空间不够，会导致部分小数丢失。人们可以使用较长的尾数域，减少截断误差。

例如，二进制数 10.101 存储为 8 位浮点数时，将引起截断误差。

$$10.101=+0.10101*2^{+10}$$

指数符号（1）　　指数（2）　　尾数符号（1）　　尾数（4）

　　0　　　　　　　10　　　　　　0　　　　　　1010　　　1（最后一位丢失）

（2）数值转换引起的截断误差。十进制小数转换成二进制小数时，不能保证精确转换；二进制小数转换成十进制小数时，也遇到同样的问题。

例如，十进制数 0.8 转换为二进制数时为 0.11001100…。十进制数 1/10 转换为二进制数时，也会遇到无穷展开式问题。

所以，在十进制和二进制小数转换时，可根据精度要求取近似值。

3. 计算机要将多种存储器组成一个存储系统的原因

目前，各种存储器的性能比较如图 1.12 所示。

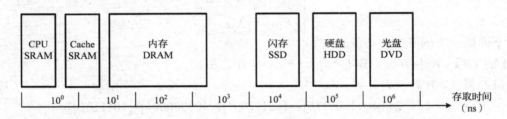

图 1.12　存储器性能比较图

随着计算机应用范围的扩大，用户对计算机的存储要求为容量大，停电后数据不丢失，设备移动性好且价格便宜；但是对数据读写延时不敏感，秒级即可满足要求。而 CPU 对于存储器的要求是存储容量不需要大，不要求停电保存数据且对移动性无要求；但是 CPU 对数据传送速度要求极高。为了解决以上矛盾，所以将多种存储器组成一个存储系统，数据在计算机中分层次进行存储。

这些存储设备之间的数据往来关系如图 1.13 所示，图中由左到右，设备的工作速度在数量级上逐级递减，但是存储容量则逐级递增。由这些存储器组成一个完整的存储系统，这个存储系统的速度近似于寄存器的存储速度，而存储容量近似于外存储器的容量。

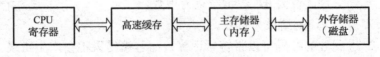

图 1.13　存储系统图

4．高速缓存技术的定义及 Cache 的工作过程

尽管 CPU 和存储器都得到了飞速发展，但是 CPU 的处理能力与存储器的读/写速度之间一直存在差距，存储器已经成为计算机性能的瓶颈。计算机对于存储单元数的要求越来越高，如目前 PC 存储器的存储单元数一般以 GB 为单位。设计和制造小容量高速存储器是可能的，但是设计和制造存储单元以 GB 为单位的大容量高速存储器的成本是无法想象的。因此，需要采用一种技术，在增加小容量高速存储器的情况下，使得 CPU 感受到包含大容量存储器的整个存储系统的读/写速度达到高速存储器的读写速度。这种技术就是高速缓存技术，增加的高速小容量存储器称为 Cache。

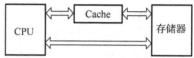

图 1.14　Cache 工作过程图

Cache 的工作过程如图 1.14 所示。CPU 与存储器之间增加小容量的高速存储器 Cache，存储器事先将 CPU 需要读写的存储单元内容传输给 Cache，CPU 需要访问某个存储单元内容时，首先访问 Cache，只有当 Cache 中不存在需要访问的存储单元内容时，才由 CPU 直接访问存储器。Cache 能够起作用的前提是：CPU 需要访问的存储单元内容基本都在 Cache 中，存储器能够正确地将未来一段时间内 CPU 需要访问的存储单元的内容事先传输给 Cache。依据如下：（1）指令在存储器中是顺序存放的，根据当前指令的地址，可以推算出未来一段时间内 CPU 需要执行指令的地址范围；（2）数据在存储器中是集中存放的，根据当前运算的数据地址可以推算出存放数据的存储单元的地址范围。

5．多核 CPU 的定义及优点

多核 CPU 指的是在单个大规模集成电路内集成了多个 CPU 单元，这些 CPU 单元可以同时执行相同的处理指令。因此，多核 CPU 指令执行的速度是单核 CPU 的若干倍。

从应用需求上看，越来越多的用户在使用过程中都会遇到多任务应用环境。一种应用模式是一个程序采用了线程级并行编程方式，那么这个程序在运行时可以把并行的线程同时交付给两个核心，分别处理，因而程序运行速度极大提高。例如，打开 IE 浏览器上网，看似简单的一个操作，实际上浏览器进程会调用代码解析、Flash 播放、多媒体播放、Java 脚本解析等一系列线程，这些线程可以并行地被双核处理器处理，因而运行速度大大加快。另一种应用模式是同时运行多个程序。例如在上网浏览网页的同时，还在听音乐等。由于操作系统是支持并行处理的，所以，当在多核处理器上同时运行多个单线程程序的时候，操作系统会把多个程序的指令分别发送给多个核心，从而使得同时完成多个程序的速度大大加快。

目前，多核心技术在应用上的优势有两个方面：可以为用户带来更强大的计算性能；更重要的是可以满足用户同时进行多任务处理和多任务计算环境的要求。

1.4　补　充　习　题

一、单选题

1．一个完整的计算机系统应包括（　　　）。

　　A．系统硬件和系统软件　　　　　　　　B．硬件系统和软件系统

C. 主机和外部设备　　　　　　　　　　D. 主机、键盘、显示器和辅助存储器

2. 计算机硬件系统的性能主要取决于（　　　）。
   A. 中央处理器　　　　　　　　　　　B. 内存储器
   C. 显示适配卡　　　　　　　　　　　D. 硬磁盘存储器

3. 计算机中，运算器的主要功能是进行（　　　）。
   A. 逻辑运算　　　　　　　　　　　　B. 算术运算
   C. 算术运算和逻辑运算　　　　　　　D. 复杂方程的求解

4. 下列存储器中，存取速度最快的是（　　　）。
   A. U 磁盘存储器　　　　　　　　　　B. 硬磁盘存储器
   C. 光盘存储器　　　　　　　　　　　D. 内存储器

5. 下列设备中，属于输出设备的是（　　　）。
   A. 扫描仪　　　　　　　　　　　　　B. 显示器
   C. 触摸屏　　　　　　　　　　　　　D. 手写笔

6. 下列设备中，属于输入设备的是（　　　）。
   A. 声音合成器　　　　　　　　　　　B. 激光打印机
   C. 手写笔　　　　　　　　　　　　　D. 显示器

7. 计算机配置高速缓冲存储器是为了解决（　　　）。
   A. 主机与外设之间速度不匹配问题
   B. CPU 与硬盘存储器之间速度不匹配问题
   C. CPU 与主存储器之间速度不匹配问题
   D. CPU 与 U 盘存储器之间速度不匹配问题

8. 通常将运算器和（　　　）合称为中央处理器，即 CPU。
   A. 存储器　　　　　　　　　　　　　B. 输入设备
   C. 输出设备　　　　　　　　　　　　D. 控制器

9. 下列软件中（　　　）一定是系统软件。
   A. 自编的一个 C 程序，功能是求解一个一元二次方程
   B. WINDOWS 操作系统
   C. 用汇编语言编写的一个练习程序
   D. 存储有计算机基本输入/输出系统的 ROM 芯片

10. 电子计算机的工作原理可概括为（　　　）。
    A. 程序设计　　　　　　　　　　　　B. 运算和控制
    C. 执行指令　　　　　　　　　　　　D. 存储程序和程序控制

11. 以下关于 CPU，说法（　　　）是错误的。
    A. CPU 是中央处理单元的简称
    B. CPU 能直接为用户解决各种实际问题
    C. CPU 的档次可粗略地表示计算机的规格
    D. CPU 能高速、准确地执行用户预先安排的指令

12. 下面关于内存储器的叙述正确的是（　　　）。
    A. 内存储器和外存储器是统一编址的，字是存储器的基本编址单位

B. 内存储器与外存储器相比，存取速度慢、价格低

C. 内存储器与外存储器相比，存取速度快、价格高

D. RAM 和 ROM 在断电后信息将全部丢失

13. 计算机的软件系统分为（　　　）。

    A. 程序和数据 　　　　　　　　　B. 工具软件和测试软件

    C. 系统软件和应用软件 　　　　　　D. 系统软件和测试软件

14. 打印机不能打印文档的原因不可能是因为（　　　）。

    A. 没有连接打印机 　　　　　　　　B. 没有设置打印机

    C. 没有经过打印预览查看 　　　　　D. 没有安装打印驱动程序

15. 计算机最早的应用领域是（　　　）。

    A. 数据处理 　　　B. 实时控制 　　　C. 人工智能 　　　D. 科学计算

16. 计算机运行是将程序和数据都存储在内存中，这是由（　　）提出的。

    A. 查尔斯·巴贝奇 　　B. 艾兰·图灵 　　C. 阿塔索诺夫 　　D. 冯·诺依曼

17. 计算机存储器中的一个字节可以存放（　　　）。

    A. 一个汉字 　　　　　　　　　　　B. 两个汉字

    C. 一个西文字符 　　　　　　　　　D. 两个西文字符

18. 冯·诺依曼体系结构的计算机系统要求将（　　　）同时存放在内存中。

    A. 数据和运算符 　　　　　　　　　B. 若干条指令码

    C. 若干程序 　　　　　　　　　　　D. 数据和程序

19. 所谓"裸机"指的是（　　　）。

    A. 巨型计算机 　　　　　　　　　　B. 单片机

    C. 只安装了操作系统的计算机 　　　D. 未安装任何软件的计算机

20. 下列存储器中，访问速度最快的是（　　　）。

    A. 光盘存储器 　　　B. RAM 　　　C. 硬磁盘 　　　D. U 盘

21. 计算机中的内存储器与外存储器相比较（　　　）。

    A. 存储容量小 　　B. 工作速度快 　　C. 价格较高 　　D. 三种说法都对

22. 表示计算机存储容量的基本单位是（　　　）。

    A. 二进制 　　　　B. 字节 　　　　C. 字长 　　　　D. 字

23. 内存储器的存储容量为 1MB，指的是（　　　）。

    A. 1024*1024 个字 　　　　　　　　B. 1024*1024 个字节

    C. 1000*1000 个字 　　　　　　　　D. 1000*1000 个字节

24. 表示硬盘容量的大小时，常用 TB 为单位。1TB 表示 2 的（　　　）次方。

    A. 10 　　　　　　B. 20 　　　　　C. 30 　　　　　D. 40

25. 二进制数 11110110 转换成对应的十进制数和十六进制数是（　　　）。

    A. 254，FE 　　　B. 250，FA 　　C. 246，F6 　　D. 240，F0

26. 二进制数 110101 转换为八进制数是（　　　）。

    A. 71 　　　　　　B. 65 　　　　　C. 56 　　　　　D. 51

27. 十进制数 121 转换成 8 位无符号二进制数是（　　　）。

    A. 01110101 　　　B. 01111001 　　C. 10011110 　　D. 01111000

28. 已知计算机字长为 8 位，机器数真值 X=+1011011，则该数的原码、反码和补码是（　　）。

    A. 01011011，00100100，00100101   B. 11011011，10100100，10100101

    C. 10100100，11011011，11011100   D. 01011011，01011011，01011011

29. 已知计算机字长为 8 位，机器数真值 X=−1011011，则该数的原码、反码和补码是（　　）。

    A. 11011011，10100100，10100101   B. 01101101，00100100，00100101

    C. 10100100，11011011，11011100   D. 01011011，01011011，01011011

30. 汉字国标码（GB2312-80）规定的汉字编码，每个汉字字符使用（　　）表示。

    A. 1 个字节   B. 2 个字节   C. 3 个字节   D. 4 个字节

二、简答题

1. 简述计算机的基本组成部分的功能。

2. 内存储器和外存储器各有什么特点？为什么要组成存储系统？

3. 什么是算法？试试从日常生活中找出两个例子，描述它们的算法。

4. 用流程图表示以下问题的算法。

（1）120 个学生，要求将他们之中成绩在 60 分以上的人打印出来。

（2）一个大于或等于 3 的正整数，判断它是否为一个质数。

（3）用求根公式解一元二次方程 $ax^2+bx+c=0$。

5. 请自己配置一台计算机，写出相应的硬件指标，并配齐相应的软件，要求能满足 C++ 程序设计课程学习的需要。

1.5　本章实验

一、Word 软件应用

1. 实验要求

● 掌握文本格式和段落格式的设置。

● 掌握页面布局的方法。

● 掌握图片、文本框和艺术字的使用方法。

● 掌握表格的使用方法。

2. 实验范例

打开配套文件 word_fl1_1.docx，按下列要求操作，使最终结果如图 1.15 所示。

🔔 分析：Word 中字体样式和段落格式通常在"开始"菜单的"字体"和"段落"功能区中进行设置；文档中添加"页眉"或"页脚"在"插入"菜单的"页眉和页脚"功能区中进行设置。使用"插入"菜单的"插图"功能区命令，可以插入"剪贴画"和"来自文件"的图片、图表。

操作步骤：

（1）给文章加标题"我国能源现状探讨"，设置标题文字为隶书、一号字、加粗，设置标题段为浅蓝色底纹，居中对齐段前段后间距均为 0.5 行，具体操作如图 1.16 所示。

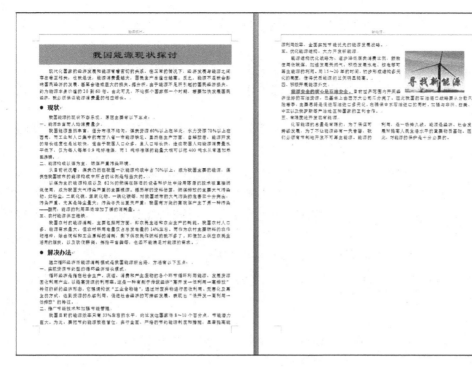

图 1.15　word_fl1_1.docx 范例样张

图 1.16　操作步骤（1）的界面按钮图

① 选中标题，选择"字体"功能区的"字体"、"字号"和"加粗"项，分别设置为隶书、一号、加粗。

② 选中标题段，单击"段落"功能区的"边框和底纹"按钮，在"底纹"选项卡中，将填充颜色设置为浅蓝色，将"应用于"设置为"段落"。单击"居中"按钮，将标题居中对齐。

③ 选中标题段，单击"段落"功能区的"显示段落"按钮，打开"段落"对话框，将段前段后间距设置为 0.5 行。

（2）为正文中的"现状"和"解决办法"段落添加实心圆项目符号，具体操作如图 1.17 所示。

图 1.17　操作步骤（2）的界面按钮图

① 选中"现状"段落，单击"段落"功能区的"项目符号"按钮，将本段添加实心圆项目符号。

② 用格式刷复制格式到"解决办法"段落。

（3）将正文中"能源安全的核心是石油安全。"一句设置为红色、加粗、加下画线，具体操作如图 1.18 所示。

图 1.18　操作步骤（3）的界面按钮图

选中"能源安全的核心是石油安全。"的文字，选择"字体"功能区的"颜色"、"下画线"和"加粗"项，分别将其设置为红色、加下画线、加粗。

（4）参考样张，在正文适当位置以四周型环绕方式插入试题文件中的图片"寻找新能源.jpg"，并设置图片高度、宽度的缩放值为 120%，具体操作如图 1.19 所示。

① 选择"插入"菜单，单击"插图"功能区的"图片"按钮，插入图片"寻找新能源.jpg"。

② 选中插入的图片，选择"图片工具格式"菜单的"排列"功能区，单击"自动换行"按钮，设置为"四周环绕型"。

③ 选中插入的图片，选择"图片工具格式"菜单的"大小"功能区的"高级版式"，打开"布局"对话框，选择"大小"项，将缩放的高度和宽度都设置为 120%。

选中插入的图片，将它放到样张指定的位置。

(a) 　　(b)

图 1.19　操作步骤（4）的界面按钮图

（5）设置奇数页页眉为"能源现状"，偶数页页眉为"新能源"，具体操作如图 1.20 所示。

① 单击"插入"菜单的"页眉和页脚"功能区的"页眉"按钮，选择"编辑"页眉。

② 在新出现的"页眉和页脚工具设计"菜单中，选择"奇偶页不同"，然后在奇数页的页眉处输入"能源现状"，在偶数页的页眉处输入"新能源"。

图 1.20　操作步骤（5）的界面按钮图

（6）将页面设置为：A4 纸，左、右页边距均为 2 厘米，每页 43 行，每行 40 个字符，具体操作如图 1.21 所示。

① 选择"页面布局"菜单，选择"页面设置"功能区的"页面设置"按钮，打开"页面设置"对话框。

② 在"纸张"项中，设置纸张大小为 A4。

③ 在"页边距"项中，设置左、右页边距为 2 厘米。

④ 在"文档网格"项中，设置行数为每页 43 行，设置字符数为每行 40 个字符。

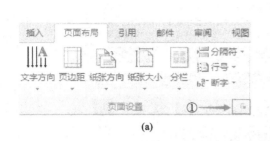 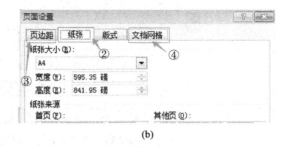

(a)   (b)

图 1.21 操作步骤（6）的界面按钮图

（7）将正文最后一段分为等宽两栏，栏间不加分隔线，具体操作如图 1.22 所示。

① 选中正文最后一段，然后在"页面布局"菜单中，选择"页面设置"功能区的"分栏"。

② 选择"更多分栏"，出现"分栏"对话框。设置栏数为两栏，并选择栏宽相等，将"应用于"选择为"所选文字"。

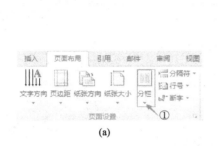 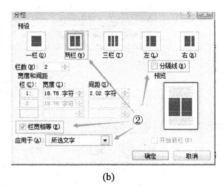

(a)   (b)

图 1.22 操作步骤（7）的界面按钮图

3. 实验内容

（1）打开配套的 word1_1.docx 文件，按下列要求和图 1.23 所示样式制作文档，结果以文件名 wordsy1_1.doc 保存在自己的文件夹中。

① 设置标题文字"《上海文汇报》：田亮何时'天亮'"字体为华文彩云，字号为小三，字形为加粗、倾斜，颜色为黄色，对齐方式为居中。

② 设置正文第 1 段"田亮何时才能……无疑少了'半边天'。"首行缩进 2 字符。

③ 设置正文第 2 段"因为常年和水打交道……不愁没有追星者。"首字悬挂，悬挂 2 行，距正文 5 磅，字体为华文行楷。

④ 设置正文第 3 段"而中国跳水队……被中国跳水队除名。"边框为方框，线型为实线，宽度为 2.25 磅，底纹填充色为紫色，应用于文字。

⑤ 插入任意一幅剪贴画，环绕方式为紧密型。

⑥ 设置正文最后一段文字效果为删除线。

🔔 提示：根据样张效果，"首字悬挂"是"首字下沉"的一种，如图 1.24 所示。

《上海文汇报》：田亮何时"天亮"

田亮何时才能"天亮"，何时才能重回国家队、重返世界泳坛？这是每一个关心中国跳水和喜欢田亮的"粉丝"们此刻心中最迫切的问题。的确，对于后备力量雄厚的中国跳水队来说，也许田亮的离去会加快队伍的新陈代谢，但对于喜欢热闹的媒体和需要追星的"粉丝"们来说，少了田亮的中国跳水队无疑少了"半边天"。

为常年和水打交道可以保持体形的缘故，也因为有着"空中芭蕾"的美誉，跳水这个项目似乎天生就是为俊男靓女式的明星们所设置的。从我们记忆中的美国名将洛加尼斯开始，到刚刚准备退役的俄罗斯"天王"萨乌丁，世界跳水台上一直就不愁没有明星，不愁没有追星者。

但时间长了我们却可以发现，田亮的离去虽然并不会使中国跳水队少几块金牌，但却使中国跳水队失去了更多的眼球和更大的发展空间。加拿大蒙特利尔的留学生们就想不明白，怎么奥运会冠军田亮就不能参加世锦赛？"要是田亮来了，我一定会去看世锦赛，但对别人我却没什么兴趣。"一位和记者刚刚认识的中国留学生就这么说的。

明星的存在对于一项体育运动的发展意义是不言而喻的。田亮对于中国跳水，绝对不是一个简单的"金牌机器"，中国跳水队需要田亮快点回来，世界跳水也需要田亮来吸引大家的眼球。

图 1.23 word1_1.docx 实验样张

图 1.24 "首字下沉"图示

（2）打开配套的 word1_2.docx 文件，按下列要求和图 1.25 所示样式制作文档，结果以文件名 wordsy1_2.doc 保存在自己的文件夹中。

① 设置标题文字"四世同堂"字体为黑体，字号为三号，加删除线，颜色为红色，字符间距为加宽 2 磅，对齐方式为居中。

② 设置正文所有段首行缩进为 2 字符，段后间距均为 18 磅。

③ 设置正文第 2 段"为什么祁老太爷……灾难过不去三个月！"分栏，栏数为 2 栏，栏宽相等。

④ 设置正文第 3 段"七七抗战那一年……四世同堂的老太爷呢。"首字下沉，行数为 2 行。

⑤ 在适当位置插入一竖排文本框，设置正文内容为"四世同堂"，字号为三号，颜色为蓝色，对齐方式为居中，文本框填充色为浅绿，环绕方式为紧密型，水平对齐方式为右对齐。

⑥ 设置正文第 1 段第 1 句"祁老太爷……八十大寿。"加批注，批注文字为"节选自四世同堂"。

⑦ 在正文最后插入一个 3 行 3 列的表格，并在第 1 行第 1 列交叉处的单元格中画斜线。

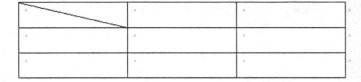

图 1.25　word1_2.docx 实验样张

💬 提示：根据样张效果，可以插入 1 个 3 行 3 列的表格，然后在左上角第 1 个单元格中用"绘制表格"工具画出斜线。

二、Excel 软件应用

1. 实验要求

● 掌握单元格内容的输入编辑。
● 掌握利用函数公式进行统计计算。
● 掌握工作表的格式设置。
● 掌握图表的创建方法。
● 掌握图表的编辑和格式化。
● 掌握对数据进行常规排序及按自定义序列排序的方法。
● 掌握数据的筛选和分类汇总的操作方法。

2. 实验范例

打开配套文件 excel_fl1_1.xlsx，按下列要求进行操作，使最终结果如图 1.26 所示。

💬 分析：Excel 能够根据工作表中的数据创建图表，即将行、列数据转换成有意义的图像，在选择数据区域时，如果是不连续的单元格需按 Ctrl 键进行选择。

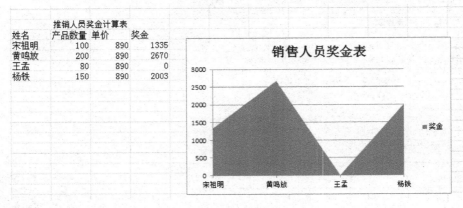

产品销售表

合同号	销售员	产品代号	数量	价格
A-4574	Smith	AB-123	100	36.75
B-3783	Jones	CD-456	50	14.15
A-3837	Bobcat	EF-789	200	22.5
B-5478	Andrew	AB-123	75	36.75
C-3473	Jones	AB-123	45	36.75
A-4783	Smith	GH-012	100	54.95
C-9283	Andrew	CD-456	400	14.15
A-2740	Bobcat	AB-123	150	36.75
A-1736	Smith	EF-789	300	22.5
	合计		1420	275.25

(a) sheet1 结果

美亚华电器集团

产品	年月	销售额	代理商	地区
音响	Mar-92	6000	环球	广州
音响	Feb-92	5000	金玉	天津
电视机	Jan-92	3500	大华	北京
计算机	Apr-93	1992	大华	深圳
空调	May-92	350	和美	北京

(b) sheet2 结果

推销人员奖金计算表

姓名	产品数量	单价	奖金
宋祖明	100	890	1335
黄鸣放	200	890	2670
王孟	80	890	0
杨铁	150	890	2003

(c) sheet3 结果

图 1.26　excel_fl1_1.xlsx 范例样张

操作步骤：

（1）在工作表 Sheet1 中完成如下操作，具体操作如图 1.27 所示。

① 设置标题"产品销售表"单元格水平对齐方式为居中。

② 利用函数计算"合计"行中数量和价格的总和，并将结果放入相应的单元格中。

图 1.27　Sheet1 的操作界面按钮图

（2）在工作表 Sheet2 中完成如下操作，具体操作如图 1.28 所示。

① 选中"美亚华电器集团"单元格，在"字体"功能区，设置字号为"16"，字体为"黑体"。

② 选中 D7 单元格，选择"审阅"菜单的"新建批注"，添加批注，并输入内容为"纯利润"。

③ 选中 B7:F12 的区域，选择"数据"菜单的"排序"，弹出"排序"对话框。

④ 在"排序"对话框中将"销售额"设为主要关键字，次序设为"降序"。

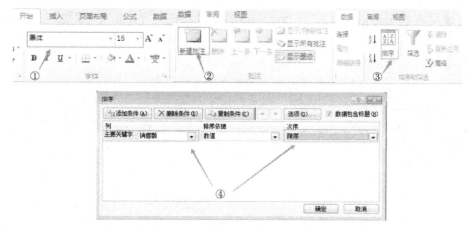

图 1.28　Sheet2 的操作界面按钮图

（3）在工作表 Sheet3 中完成如下操作，具体操作如图 1.29 所示。

① 用鼠标右键单击 Sheet3 工作表，选择"重命名"，将工作表重名为"奖金表"。

② 选择"姓名"和"奖金"两列数据后，选择"插入"菜单"图表"功能区"面积图"的"堆积面积图"类型，创建图表，然后将图表标题改为"销售人员奖金表"。

图 1.29　Sheet3 的操作界面按钮图

3. 实验内容

（1）打开配套的 excel1_1.xlsx 文件，按下列要求完成相应的操作，结果以文件名 excelsy1_1.xlsx 保存在自己的文件夹中。

在工作表 Sheet1 中完成如下操作，结果如图 1.30 所示。

液晶市场份额分析		
	1993年	1996年
微机、工作站	61.30%	65.20%
娱乐设备	5.60%	11.00%
视听设备	6.30%	9.60%
便携式信息工具	10.00%	0.30%
汽车导向系统	9.70%	1.40%
其它	7.10%	13.00%
液晶市场销售总额	￥10,000.00	￥41,000.00

Sheet1 ╱ Sheet2 ╱ Sheet3 ╱ ℄

图 1.30　Sheet1 结果

① 设置所有数字项单元格（C8:D14）水平对齐方式为"居中"，字形为"倾斜"，字号为"14"。

② 为B13单元格添加批注，内容为"零售产品"。

③ 设置表格最后一行的底纹颜色为"浅蓝"。

在工作表Sheet2中完成如下操作，结果如图1.31所示。

利用"间隔"和"频率"列创建图表，图表标题为"频率走势表"，图表类型为"带数据标记的折线图"，作为对象插入Sheet2中。

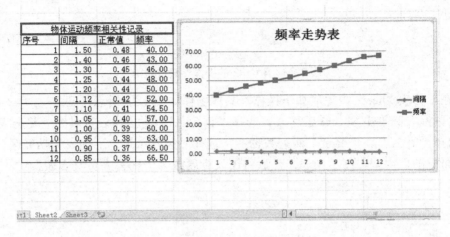

图 1.31　Sheet2 结果

在工作表Sheet3中完成如下操作，结果如图1.32所示。

① 将表格中的数据以"物理"为关键字，以递增顺序排序。

② 利用函数计算"平均分"行中各个列的平均分，并将结果存入相应单元格中。

（2）打开配套的 excel1_2.xlsx 文件，按下列要求完成相应的操作，结果以文件名 excelsy1_2.xlsx 保存在自己的文件夹中。

在工作表Sheet1中完成如下操作，结果如图1.33所示。

① 设置B～D列，列宽为"12"，设置6～19行，行高为"20"。

② 利用函数计算出"年龄"的平均值，结果放在相应单元格中。

③ 筛选出"年龄"大于或等于30的数据。

姓名	数学	英语	语文	物理
汪达	65	71	65	51
李挚邦	65	71	80	64
周胄	72	73	82	64
李利	85	77	51	67
钱铭	82	66	70	81
孙颐	81	64	61	81
赵安顺	66	66	91	84
霍偶仁	89	66	66	88
平均分	75.63	69.25	70.75	72.50

Sheet1　Sheet2　Sheet3

图 1.32　Sheet3 结果

姓名	俱乐部	年龄
李利	火车头	31
祖狮	全兴	32
金德贤	建业	30

图 1.33　Sheet1 结果

在工作表 Sheet2 中完成如下操作，结果如图 1.34 所示。

① 设置表中所有数字项水平对齐方式为"文本左对齐"，字体为"黑体"，字形为"加粗"。

② 为 D6 单元格添加批注，内容为"截止到去年"。

③ 将表格中的数据以"工资"为关键字，按降序方式排序。

在工作表 Sheet3 中完成如下操作，结果如图 1.35 所示。

利用"姓名"、"计算机"和"数学"列中的数据创建图表，图表标题为"学生成绩"，图表类型为"堆积柱形图"，并作为对象插入 Sheet3 中。

姓名	职称	工资
徐小飞	助工	789.19
毛小峰	高工	608.88
陈大来	工程师	500.12
陈良	工程师	395.97
钱大成	工程师	395.65
金波	工程师	379.57
张雷	助工	312.51
张小云	助工	300.95
李志刚	助工	249.19
米雪	助工	232.49
王刚	工人	200.72

图 1.34　Sheet2 结果

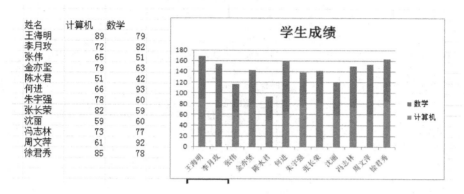

图 1.35　Sheet3 结果

🔔 提示：筛选的步骤如图 1.36 所示。

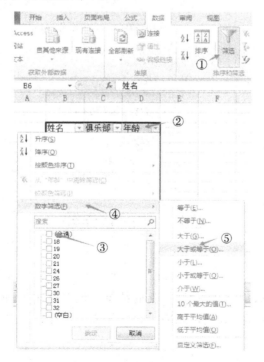

图 1.36　筛选步骤图

第2章

C++程序设计概述

2.1 知识点结构图

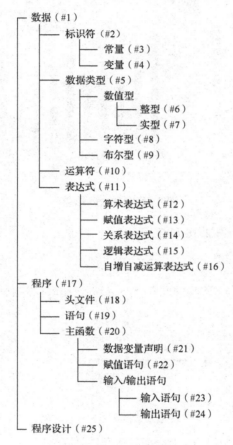

```
数据（#1）
 ├── 标识符（#2）
 │    ├── 常量（#3）
 │    └── 变量（#4）
 ├── 数据类型（#5）
 │    ├── 数值型
 │    │    ├── 整型（#6）
 │    │    └── 实型（#7）
 │    ├── 字符型（#8）
 │    └── 布尔型（#9）
 ├── 运算符（#10）
 └── 表达式（#11）
      ├── 算术表达式（#12）
      ├── 赋值表达式（#13）
      ├── 关系表达式（#14）
      ├── 逻辑表达式（#15）
      └── 自增自减运算表达式（#16）
程序（#17）
 ├── 头文件（#18）
 ├── 语句（#19）
 └── 主函数（#20）
      ├── 数据变量声明（#21）
      ├── 赋值语句（#22）
      └── 输入/输出语句
           ├── 输入语句（#23）
           └── 输出语句（#24）
程序设计（#25）
```

2.2 知识点详解

1. 数据

数据是人们通过观察、实验或计算得出的结果。数据有很多种，最简单的就是数字，也可以是文字、图像、声音等。数据可以用于科学研究、设计、查证等。

2. 标识符

标识符是指用来标识某个实体的符号，在不同的应用环境下有不同的含义。在编程语言中，标识符是用户编程时使用的名字，变量、常量、函数都有名字，统称为标识符。

标识符由字母、数字和下画线组成，注意不能把 C++ 关键字作为标识符。标识符的长度限制为 32 字符，对大小写敏感，且首字符只能是字母或下画线，不能是数字。

3. 常量

常量是在程序运行时，不会被修改的量。常量分为不同的类型，如 25、0、−8 为整型常量，6.8、−7.89 为实型常量，'a'、'b' 为字符常量。常量一般从其字面形式即可判断，这种常量称为字面常量或直接常量，也可以用一个标识符来表示一个常量，称之为符号常量，符号常量在使用之前必须先定义，其一般形式为：

```
const  数据类型  常量名；
```

4. 变量

变量来源于数学，是计算机语言中能储存计算结果或能表示值抽象的概念。变量可以通过变量名访问。在指令式语言中，变量通常是可变的。

由于变量能把程序中准备使用的每个数据都赋给一个简短、易于记忆的名字，因此它们十分有用。变量可以保存程序运行时用户通过键盘等输入的数据、特定运算的结果及要在显示器上显示的数据等。简而言之，变量是用于跟踪几乎所有类型信息的简单工具。

变量必须"先声明后使用"，声明后没有赋值的话，编译器会自动赋予默认值，一般为随机值。

变量是一种使用方便的占位符，用于引用计算机内存地址，该地址用于存储程序运行时可更改的程序信息。使用变量并不需要了解变量在计算机内存中的地址，只要通过变量名引用变量就可以查看或更改变量的值。

变量用来存储值的所在处，它们有名字和数据类型。变量的数据类型决定了如何将代表这些值的位存储到计算机的内存中。在声明变量时要指定它的数据类型，所有变量都具有数据类型，用来表示能够存储数据的种类。

5. 数据类型

数据类型说明了在计算机内存储、组织数据的方式，其定义是一个值的集合及定义在这个值集上的一组操作。数据类型包括基本数据类型、数组类型、指针类型及其他构造数据类型。基本数据类型主要指整数、实数和字符等。

6. 整型

整型是基本数据类型，表示整数在计算机内存中存储和组织的方式。C++ 语言中整型分为有符号和无符号整型，常用整型分为有符号的短整型（short int）、整型（int）和长整型（long int），根据计算机不同的位数有不同的取值范围，如表 2.1 所示。

表 2.1　几种整型的取值范围

	long	int	short	表示的整数范围
16 位机	32	16	16	−32 768～32 767
32 位机	32	32	16	−2 147 483 648～2 147 483 646
64 位机	32	32	16	−9 223 372 036 854 775 808～9 223 372 036 854 775 806

7．实型

实型是基本数据类型，实型数据也称为浮点数或实数，表示在计算机内存中存储和组织的方式。在 C++语言中，实数只采用十进制数，它有两种形式：十进制小数形式和指数形式。

（1）十进制小数形式

由数码 0～9 和小数点组成。 例如：0.0、25.0、5.789、0.13、5.0、300.、−267.8230 等均为合法的实数。

📎 注意：小数点前或后的 0 可以省略，但必须有小数点。

（2）指数形式

由十进制数、阶码标志"e"或"E"及阶码（只能为整数，可以带符号）组成。其一般形式为：$a \mathrm{E} n$（a 为十进制数，n 为十进制整数）

实数在内存中的存放形式为：一般占 4 个字节（32 位）内存空间，按指数形式存储。实数 3.14159 在内存中的存放形式如表 2.2 所示。

表 2.2　存放形式

数符	小数部分	指数
+	.314159	1

📎 说明：

（1）小数部分占的位（bit）数越多，数的有效数字越多，精度越高。

（2）指数部分占的位数越多，则能表示的数值范围越大。

实型分为单精度型（float）、双精度型（double）和长双精度型（long double）三类。在 VC 6.0 中单精度型占 4 个字节（32 位）内存空间，其数值范围为 3.4E–38～3.4E+38，只能提供 7 位有效数字。双精度型占 8 个字节（64 位）内存空间，其数值范围为 1.7E–308～1.7E+308，可提供 16 位有效数字。

8．字符型

字符型是基本数据类型，是文字的数据类型，表示字符在计算机内存中存储和组织的方式。系统在表示一个字符型数据时，并不是将字符本身的形状存入内存，而只是将字符的 ASCII 码存入内存。在内存中所有的数据又是以二进制数的形式存放的。字符包括中文字符、英文字符、数字字符和其他 ASCII 字符。

字符型数据包括字符常量和字符变量。字符常量是用单引号括起来的一个字符，如'A'、'x'、'D'、'?'、'3'、'X'等都是字符常量。对于字符来说，'x'和'X'是两个不同的字符。字符常量只能是单个字符，不能是字符串。字符串常量是由一对双引号括起的字符序列，是由多个字符组成的，如" I LOVE C++"，"CHINA"，"C program:，"$12.5"等都是合法的字符串常量。字符串常量和字符常量是不同的量，它们之间主要有以下区别。

（1）字符常量由单引号括起来，字符串常量由双引号括起来。

（2）字符常量只能是单个字符，字符串常量则可以含一个或多个字符。

（3）可以把一个字符常量赋予一个字符变量，但不能把一个字符串常量赋予一个字符变量。

（4）字符常量占一个字节的内存空间。字符串常量占的内存字节数等于字符串中字节数加 1，增加的一个字节中存放字符'\0'（ASCII 码为 0），这是字符串结束的标志。例如，字符串"C program"在内存中所占的字节为：C program\0。字符常量'a'和字符串常量"a"虽然都只有一个字符，但在内存中的情况是不同的。

'a'在内存中占一个字节，可表示为：a；"a"在内存中占两个字节，可表示为：a\0。

字符变量的取值是字符常量，即单个字符。字符变量的类型说明符是 char。字符变量类型说明的格式和书写规则都与整型变量相同。每个字符变量被分配一个字节的内存空间，因此只能存放一个字符。字符值是以 ASCII 码的形式存放在变量的内存单元中。

字符变量的定义形式如：char x1,x2; 定义了两个字符型变量。可以使用赋值语句对变量 x1 和 x2 赋值，如：x1='x';x2='y';。字符型数据（常量和变量）在内存中占一个字节的空间。在内存中所有的数据又是以二进制数的形式存放的，所以上面的例子中 x1 和 x2 在内存中的表示如下：'x'和'y'的 ASCII 码为 120 和 121，而 120 和 121 的二进制数形式为 01111000 和 01111001。

9．布尔型

数值型和字符型数据类型可以有无限多个不同的值，但 bool 数据类型只能有两个值，其值为：false（假）和 true（真）。false 对应为 0，true 对应为 1。布尔值表示条件的有效性，表明条件是真还是假。

10．运算符

运算符，用于执行程序代码运算，会针对一个以上的操作数来进行运算。例如：2+3，其操作数是 2 和 3，运算符则是"+"。程序语言把除了控制语句和输入/输出以外的，几乎所有的基本操作都作为运算符处理，常用基本运算符有以下几类。

（1）算术运算符：*　–　+　/
（2）关系运算符：>　<　==　!=　>=　<=
（3）逻辑运算符：!　&&　||
（4）赋值运算符：=　+=　–=　*=　/=
（5）条件运算符：?:
（6）自增和自减运算符：++　––
（7）逗号运算符：,

11．表达式

将同类型的数据（如常量、变量、函数等），用运算符号按一定的规则连接起来的、有意义的式子称为表达式。运算是对数据进行加工处理的过程，得到运算结果的数学公式或其他式子统称为表达式。表达式可以是常量也可以是变量或算式，在表达式中又可分为算术表达式、逻辑表达式和关系表达式等。

12．算术表达式

算术表达式由常量、变量、函数、圆括号、算术运算符等组成。一个常量、一个变量（已赋过值）、一个函数调用都合法，是表达式的简单情况。表达式的运算过程和数学运算规则一样，使用的是加减乘除和括号，有括号先做括号内的子表达式。有多层括号，先运算最里层。同一层，负号优先运算，接下来运算乘除，再加减。同一优先级从左到右进行运算。需要注意如下几方面内容。

（1）表达式中，乘号是不能够省略的，即 2a、4b 之类的表达式是无法被识别的。

（2）算术表达式中，括号只有圆括号()一种，并且可以有多重括号。方括号[]和花括号{}都是不允许使用在算术表达式中的。比如((a+b)*4)是正确的写法，[(a+b)*4]却是错误的写法。

（3）除、整除和取余

在 C++中，"/"有两种含义：当除号两边的数均为整数时为整除，即商的小数部分被截去（不是四舍五入）；除号两边只要有一个是实型数据，那么就做除法，小数部分予以保留，运算结果应当存放在实型变量中。

取余数的操作符为"%"，例如 7%3 的结果是 1。它和乘/除法类似，在加/减法之前执行运算。

🔔 注意：在取余数操作符的两边都应该是整数，否则将无法通过编译。

13．赋值表达式

由赋值运算符将一个变量和一个表达式连接起来的式子称为"赋值表达式"。它的一般形式为：

    <变量> <赋值运算符> <表达式>

作用是将一个数据赋给一个变量。如"a=3"的作用是执行一次赋值操作（或称赋值运算）。把常量 3 赋给变量 a。对赋值表达式求解的过程是：先求赋值运算符右侧的"表达式"的值，然后赋给赋值运算符左侧的变量。一个表达式应该有一个值，赋值运算符左侧的标识符称为"左值"（Left Value）。并不是任何对象都可以作为左值的，变量可以作为左值，而表达式 a+b 就不能作为左值，常变量也不能作为左值，因为常变量不能被赋值。

如果赋值运算符两侧的类型不一致，但都是数值型或字符型时，在赋值时会自动进行类型转换。

（1）将浮点型数据（包括单、双精度）赋给整型变量时，舍弃其小数部分。

（2）将整型数据赋给浮点型变量时，数值不变，但以指数形式存储到变量中。

（3）将一个 double 型数据赋给 float 变量时，要注意数值范围不能溢出。

（4）字符型数据赋给整型变量，将字符的 ASCII 码赋给整型变量。

（5）将一个 int、short 或 long 型数据赋给一个 char 型变量，只将其低 8 位原封不动地送到 char 型变量（发生截断），例如：

```
short int i=289;
char c;
c=i; //将一个 int 型数据赋给一个 char 型变量
```

赋值情况如图 2.1 所示。为方便起见，以一个 int 型数据占两个字节（16 位）的情况来说明。

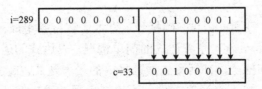

图 2.1　数据内存运行情况图

（6）将 signed（有符号）型数据赋给长度相同的 unsigned（无符号）型变量，将存储单元内容原样照搬（连原有的符号位也作为数值一起传送）。

在赋值运算符之前加上其他运算符可以构成复合赋值运算符。C++语言规定可以使用 10 种复合赋值运算符，其中与算术运算有关的复合赋值运算符有：+=、–=、*=、／=、%=（注意：两个符号之间不可以有空格）。复合赋值运算符的优先级与赋值运算符的优先级相同。

表达式 n+=1 的运算规则等价于 n=n+1。

表达式 n*=m+3 的运算规则等价于 n=n*(m+3)，因为运算符“+”的优先级高于复合赋值运算“*=”。

14．关系表达式

用关系运算符将两个表达式连接起来的式子，称为关系表达式。关系表达式的值是逻辑值“真”或“假”。一般以“非 0”代表“真”，以“0”代表“假”。在关系表达式求解时，以“1”代表“真”，以“0”代表假。当关系表达式成立时，表达式的值为 1，否则表达式的值为 0。

15．逻辑表达式

用逻辑运算符将关系表达式或逻辑量连接起来的有意义的式子称为逻辑表达式。与关系表达式类似，在对逻辑表达式求解时，以“1”代表“真”，以“0”代表假。当逻辑表达式成立时，表达式的值为 1，否则表达式的值为 0。

16．自增自减运算表达式

在 C++程序设计中，经常遇到“i=i+1”和“i=i–1”这两种操作。变量 i 被称为“计数器”，用来记录完成某一操作的次数。C++语言为这种计数器操作提供了两个更为简洁的运算符，即“++”和“——”，分别叫做自增运算符和自减运算符。它们是从右向左结合的一元算术运算符，优先级为 2。

自增自减运算表达式需要注意以下几点。

（1）注意表达式的值和变量值的区别。以自增运算符为例，当自增运算符“++”作用于一个变量时，例如：当 i=3 时++i，这个算术表达式的值为 4，同时变量 i 的值也由原来的 3 改变为 4。一般情况下，计算表达式后不改变变量本身的值，而“++”运算符和“——”运算符组成的表达式计算后，则改变变量的值，这称为运算符的副作用。这类运算符在计算表达式时，一定要注意区分表达式的值和变量的值。

（2）注意前缀运算和后缀运算的区别。仍以自增运算符为例，该运算符可作用在变量之前，例如前面所讲的++i，称为前缀运算；也可作用在变量之后，例如 i++，称为后缀运算。在这两种运算中，表达式的值不同：**前缀运算后，表达式的值为原变量值加 1；后缀运算后，表达式的值仍为原变量值；而变量值不论前缀运算还是后缀运算都加 1**。自减运算符与自增运算符类似，只要将加 1 改为减 1 即可。即前缀运算是“先变后用”，而后缀运算是“先用后变”。

（3）注意运算符的运算对象。**自增、自减运算符只能作用于变量，而不能作用于常量或表达式**。因为自增、自减运算符具有对运算量重新赋值的功能，而常量、表达式无存储单元可言，故不能做自增、自减运算。只要是标准类型的变量，不管是整型、实型，还是字符型都可以作为这两个运算符的运算对象。

（4）注意运算符的结合方向。表达式 k=-i++等效于 k=(-i)++还是 k=-(i++)？因为负号运算符和自增运算符优先级相同，哪一个正确就得看结合方向。自增、自减运算符及负号运算符的结合方向为从右向左。因此，上式等效于 k=-(i++)；若 i=5，则表达式 k=-i++运算之后 k 的值为-5，i 的值为 6。此赋值表达式的值即为所赋的值-5，不要因为 k=-i++等效于 k=-(i++)就先做"++"运算，这里采用的是"先用后变"，即先拿出 i 的值做负号"-"运算，把这个值赋给变量 k 之后变量 i 才自增。

17．程序

程序（Program）是为实现特定目标或解决特定问题而用计算机语言编写的命令序列的集合，为实现预期目的而进行操作的一系列语句和指令。一般分为系统程序和应用程序两大类。程序设计的语言有 C++等。

18．头文件

头文件是一种文本文件，使用文本编辑器将代码编写好之后，以扩展名.h 保存即可。头文件中一般放置一些重复使用的代码，例如函数声明、变量声明、常数定义、宏的定义等，当使用#include 语句将头文件引用时，相当于将头文件中所有内容，复制到#include 处。

在 C++语言家族程序中，头文件被大量使用。一般而言，每个 C++程序通常由头文件（Header Files）和定义文件（Definition Files）组成。头文件作为一种包含功能函数、数据接口声明的载体文件，主要用于保存程序的声明（Declaration），而定义文件用于保存程序的实现（Implementation）。文件后缀名为.cpp 就是用户写的 C++程序文件。

19．语句

语句是一个语法上自成体系的单位，是构成程序的元素。C++程序语言包括基本语句和复合语句，基本语句一定是以分号结束，表 2.3 是 C++语言中常用基本语句总结。

表 2.3　C++语言中常用基本语句

跳转语句	判断语句	循环语句
return 语句（"反馈"语句）	if 语句（"如果"语句）	while 语句（"当…（时候）"语句）
break 语句（"中断"语句）	if-else 语句（"若…（则）…否则…"语句）	do-while 语句（"做…当…（时候）"语句）
continue 语句（"继续"语句）	switch 语句（"切换"语句）	for 语句（循环语句）
	case 语句（"情况"语句） 与 switch 语句连用	

把多个语句用括号{}括起来组成的一个语句称为复合语句。在程序中应把复合语句看成是单条语句，而不是多条语句，例如：

```
{
x=y+z;
a=b+c;
cout<<x<<","<<a<<endl;
}
```

是一条复合语句。复合语句内的各条语句都必须以分号";"结尾；此外，在花括号"}"外不用加分号。

20. 主函数

在日常生活中，要实现一个复杂的功能，我们总是习惯把"大功能"分解为多个"小功能"。在 C++程序设计的世界里，"功能"可称为"函数"，因此"函数"其实就是一段实现了某种功能的代码，并且可以供其他代码调用。

C++程序最大的特点就是所有程序都是由函数组成的。程序无论复杂或简单，都有一个 main()函数（主函数），它是所有程序运行的入口，对其他各函数进行调用。一个 C++程序只能有一个 main()函数。

21. 数据变量声明

数据变量声明有时也称为变量定义。在 C++中，变量声明的一般格式：

> 数据类型　变量名 1，变量名 2，…，变量名 n；

变量声明的含义：

（1）告诉编译器，这个变量名已经分配到一块内存了，变量声明可以出现多次。

（2）告诉编译器，这个变量名先预定了，别的地方再也不能用它来作为变量名或对象名。例如，你在图书馆自习室的某个座位上放了一本书，表明这个座位已经有人预订，不允许别人使用这个座位，但其实这个时候你本人并没有坐在这个座位上。这种声明最典型的例子就是函数参数的声明。

22. 赋值语句

用于赋给某一个变量一个具体确定的值的语句叫做赋值语句。在算法语句中，赋值语句是最基本的语句，在赋值表达式的后面加上分号就是赋值语句。赋值运算符左右两边的数据类型要相同。

C++语言规定，变量要先定义才能使用，也可以将定义和赋值在同一条语句中进行：

```
int  a=3;
double  c=3.14;
char  b='a';
```

23. 输入语句

C++的输入是用"流"（Stream）的方式实现的，如图 2.2 所示。输入语句是指通过键盘给变量赋值的一种方式，在 C++语言中使用 cin 来完成从键盘输入值，cin 读入数据按照变量的数据类型读取。有关流对象 cin、cout 和流运算符的定义等信息是存放在 C++的输入/输出流库中的，因此如果在程序中使用 cin、cout 和流运算符，就必须使用预处理命令把头文件 iostream 包含到本文件中：

```
#include <iostream>
```

尽管 cin 和 cout 不是 C++本身提供的语句，但是在不致混淆的情况下，为了叙述方便，常常把由 cin 和流提取运算符">>"实现输入的语句称为输入语句或 cin 语句。cin 的语句形式如下。

（1）给整数、实数或字符变量输入一个值

```
int  a;
double  b;
```

```
char c;
cin>>a;
cin>>b;
cin>>c;
```

（2）给多个变量输入值

```
int a;
double b;
char c;
cin>>a>>b>>c;
```

🔔 注意：不能用一个插入运算符"<<"插入多个输出项，如：

```
cout<<a,b,c; //错误，不能一次插入多项
```

图 2.2　输入原理示意图

24. 输出语句

C++的输出是用"流"（Stream）的方式实现的，如图 2.3 所示。把程序中变量的值显示到显示器上，把由 cout 和流插入运算符"<<"实现输出的语句称为输出语句或 cout 语句。cout 语句的一般格式为：

cout<<表达式 1<<表达式 2<<…<<表达式 n;

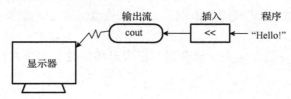

图 2.3　输出原理示意图

在输出实数时需要规定字段宽度，只保留两位小数，数据向左或向右对齐。C++提供了在输入/输出流中使用的控制符（有的书中称为操纵符）。

🔔 注意：如果使用了控制符，在程序的开头除了要加 iostream 头文件外，还要加 iomanip 头文件。

【例 2.1】　输出双精度数。

```
#include<iostream>
#include<iomanip>
using namespace std;
int main()
{
double a=123.456789012345;              //对 a 赋初值
cout<<a<<endl;                          //输出：123.456
cout<<setprecision(9)<<a<<endl;         //输出：123.456789
cout<<setprecision(6)<<endl;            //恢复默认格式(精度为 6)
cout<<setiosflags(ios::fixed)<<a<<endl; //输出：123.456789
```

```
cout<<setiosflags(ios::fixed)<<setprecision(8)<<a<<endl;//输出: 123.45678901
cout<<setiosflags(ios::scientific)<<a<<endl;//输出: 1.234568e+02
cout<<setiosflags(ios::scientific)<<setprecision(4)<<a<<endl;//输出:1.2346e02
return 0;
}
```

【例2.2】 输出不同形式的整数。

```
#include<iostream>
#include<iomanip>
using namespace std;
int main()
{
int b=123456;                                    //对b赋初值
cout<<b<<endl;                                    //输出: 123456
cout<<hex<<b<<endl;                               //输出: 1e240
cout<<setiosflags(ios::uppercase)<<b<<endl;       //输出: 1E240
cout<<dec<<setw(10)<<b<<','<<b<<endl;             //输出:123456,123456
cout<<setfill('*')<<setw(10)<<b<<endl;            //输出: ****123456
cout<<setiosflags(ios::showpos)<<b<<endl;         //输出: +123456
return 0;
}
```

如果在多个 cout 语句中使用相同的 setw(n)，并使用 setiosflags(ios::right)，则可以实现各行数据右对齐。如果指定相同的精度，则可以实现上下小数点对齐。

【例2.3】 各行小数点对齐。

```
#include <iostream>
#include <iomanip>
using namespace std;
int main()
{
   double a=123.456,b=3.14159,c=-3214.67;
   cout<<setiosflags(ios::fixed)<<setiosflags(ios::right)<<setprecision(2);
   cout<<setw(10)<<a<<endl;
   cout<<setw(10)<<b<<endl;
   cout<<setw(10)<<c<<endl;
   return 0;
}
```

输出结果如图 2.4 所示。

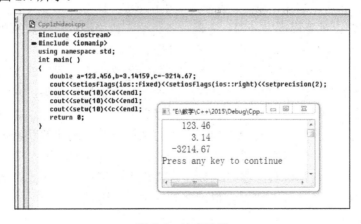

图 2.4　输出结果

💡 注意：先统一设置定点形式输出、取两位小数、右对齐。这些设置对其之后的输出均有效（除非重新设置），而 setw()只对其之后的一个输出项有效。因此，必须在输出 a,b,c 之前分别添加 setw(10)。

25．程序设计

程序设计是给出解决特定问题程序的过程，是软件构造活动中的重要组成部分。程序设计往往以某种程序设计语言为工具，给出用这种语言编写的程序。程序设计过程应当包括分析、设计、编码、测试、排错等不同阶段。专业的程序设计人员通常称为程序员。

程序设计步骤如下。

（1）分析问题

对于接受的任务要进行认真的分析，研究所给定的条件，分析最后应达到的目标，找出解决问题的规律，选择解题的方法，完成实际问题。

（2）设计算法

即设计出解题的方法和具体步骤。

（3）编写程序

将算法翻译成计算机程序设计语言，对源程序进行编辑、编译和连接。

（4）运行程序，分析结果

运行可执行程序，得到运行结果。能得到运行结果并不意味着程序正确，要对结果进行分析，看它是否合理。若不合理，则要对程序进行调试，即通过上机发现和排除程序中故障的过程。

（5）编写程序文档

许多程序是提供给别人使用的，如同正式的产品应当提供产品说明书一样，正式提供给用户使用的程序，必须向用户提供程序说明书。内容应包括：程序名称、程序功能、运行环境、程序的装入和启动、需要输入的数据，以及使用注意事项等。

程序从源程序到可执行，将经过编辑、编译、连接和运行过程。

（1）编辑：是将在纸上编写好的 C++源程序用编辑软件输入到计算机中，生成源程序文件的过程，一般程序文件的后缀名为.cpp。

（2）编译：编译器的功能是将程序的源代码转换成为机器代码的形式，称为目标代码，一般目标代码的文件后缀名为.obj。一般分为如下两步。

① 预处理过程：对源程序编译时，先进行预处理，如果源程序中有预处理命令，则先执行这些预处理命令，执行后再进行下面的编译过程。

② 编译过程：编译过程主要是进行词法分析和语法分析的过程，又称源程序分析，基本过程为词法分析→语法分析→符号表→错误处理程序→生成目标代码。

（3）连接：将目标代码进行连接，生成可执行文件。

这是编译的最后一个过程，将用户程序生成的多个目标代码文件和系统提供的库文件中的某些代码连接在一起由连接器生成一个可执行文件，存储这个可执行文件的扩展名为.exe。

（4）运行：一个 C++的源程序经过编译和连接后生成了可执行文件。运行可执行文件可在编译系统下选择相关菜单项来实现，也可直接双击该文件。

2.3　常见问题讨论与常见错误分析

一、常见问题讨论

1. 数据类型的自动转换和强制转换的区别

数据类型转换分自动转换和强制转换两类。自动转换发生在不同数据类型的变量进行混合运算时，由编译系统自动完成，自动转换遵循以下规则。

（1）若参与运算的变量的类型不同，则首先需要将其转换成同一类型，然后再进行运算。

（2）转换按数据长度增加的方向进行，以保证精度不降低。如 int 型和 long 型运算时，先把 int 型转成 long 型后再进行运算。

（3）char 型和 short 型参与运算时，必须先将它们转换成 int 型。

（4）在赋值运算中，赋值号两边量的数据类型不同时，赋值号右边变量的类型将转换为左边变量的类型。如果右边数据的数据类型长度比左边长，将按左边数据类型长度截取，丢失一部分数据，这样则会降低精度，丢失的部分是小数部分。

强制类型转换是通过类型转换运算来实现的。其一般形式为：

（类型说明符）（表达式）

其功能是把表达式的运算结果强制转换成类型说明符所表示的类型。例如：

```
(float) a    //把 a 转换为实型
(int)(x+y)   //把 x+y 的结果转换为整型再使用
```

强制转换时应注意以下问题。

（1）类型说明符和表达式都必须加括号（单个变量可以不加括号），如把(int) (x+y)写成(int)x+y 则表示把 x 转换成 int 型之后再与 y 相加。

（2）无论是强制转换或是自动转换，都只是为了本次运算的需要而对变量的数据长度进行临时性转换，而不改变数据说明时对该变量定义的类型。自动转换的原则如下：char short →int→usigned→long→double 或 float→double。

2. "=="和"="的区别

C++语言中双等号"=="是等于的意思，是一种关系运算符，用于比较左右两边的值是否相等；单等号"="的意思是赋值，它是赋值语句中必备的符号，指的是将一个值或一个变量赋给另外一个变量，例如：

```
int a=2, b=3, c=4;
a=b+c    //表示把 b+c 的结果赋给变量 a，a 的值变为 7，整个表达式的结果为 7
a==b+c   //表示 a 是否等于 b+c 的结果，这里的 a 为 2，b+c 为 7，是不等的，为假
```

3. "整数/整数"是否可以得到实数

在 C++语言中，整数除以整数结果仍为整数，如 1/2=0，而不是 0.5，如果希望得到实数的结果，必须写成 1.0/2=0.5。所以，"整数/整数"得不到实数。

4. 为什么在实数 12.3456789 输出时，只输出 6 位数：12.3457

在 C++ 标准输出实数时，如果只用<iostream>头文件，不用<iomanip>头文件时，实数最多输出 6 位数，最后一位是四舍五入得到的。如何控制实数的输出和小数点后的位数？在用浮点表示的输出中，用<iomanip>头文件中的 setprecision(n)表示有效位数。

使用 setprecision(n)可控制输出流显示浮点数的数字个数。C++默认的流输出数值有效位是 6。

如果 setprecision(n)与 setiosflags(ios::fixed)合用，可以控制小数点右边的数字个数。setiosflags(ios::fixed)是用定点方式表示实数。

如果与 setiosflags(ios::scientific)合用，可以控制指数表示法的小数位数。setiosflags(ios::scientific)是用指数方式表示实数。

如下面程序例子：

```
#include <iostream>
#include <iomanip>
using namespace std;
int main(void)
{
const double value = 12.3456789;
cout << value << endl; //默认为 6 精度，所以输出为 12.3457
cout << setprecision(4) << value << endl; //改成 4 精度，所以输出为 12.35
cout << setprecision(8) << value << endl; //改成 8 精度，所以输出为 12.345679
cout << fixed << setprecision(4) << value << endl; //加了 fixed 意味着是
固定点方式显示，所以这里的精度指的是小数位，输出为 12.3457
cout << value << endl; //fixed 和 setprecision 的作用还在，依然显示 12.3457
cout.unsetf(ios::fixed); //去掉了 fixed，所以精度恢复成整个数值的有效位数，显示
为 12.35
cout << value << endl;
cout.precision(6); //恢复成原来的样子，输出为 12.3457
cout << value << endl;
}
```

二、常见错误分析

1. 中文字符问题

（1）现象

在编辑程序时，使用中文引号的错误现象如图 2.5 所示。

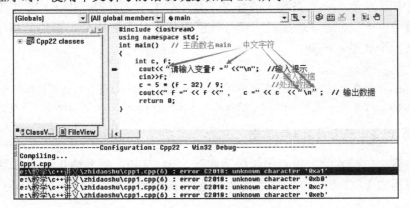

图 2.5　错误现象

（2）错误说明

在编辑程序时，要在全英文状态下进行，如果有中文编辑的，在编辑完成后请注意及时切换到英文状态。未知字符 0x##是字符 ASCII 码的 16 进制表示法，这里说的未知字符，通常是指全角符号、字母、数字或者直接输入的汉字。如果全角字符和汉字用双引号包含起来，则成为字符串常量的一部分，是不会引发这个错误的。

（3）改正

在编辑源文件时，注意是在英文模式下，如果用到中文，一定要在使用后切换到英文模式下编辑其他字符，特别是空格和标点符号。

2．主函数存在，编译时没有错误，连接时产生错误

（1）现象

在一个源程序中出现两个主函数的错误现象如图 2.6 所示。

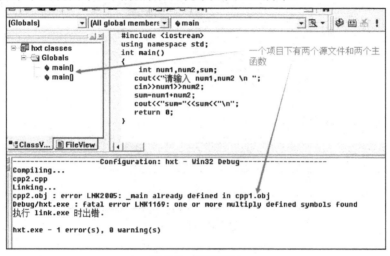

图 2.6　错误现象

（2）错误说明

在编辑了一个程序后，又新建程序，编译时没有错误，而在连接时发生了错误，一般是因为一个项目中有多个主函数，即该程序中有多个（不止一个）main()函数，这是初学 C++的同学在初次编程时经常犯的错误。这个错误通常不是指在同一个文件中包含有两个 main()函数，而是在一个 Project（项目）中包含了多个 cpp 文件，而每个 cpp 文件中都有一个 main()函数。引发这个错误的一般操作步骤如下：完成了一个 C++程序的调试，接着准备写第二个 C++文件，于是可能通过右上角的关闭按钮关闭了当前的 cpp 文件窗口（或者没有关闭，这一操作不影响最后的结果），然后通过菜单或工具栏创建了一个新的 cpp 文件，在这个新窗口中，程序编写完成，通过编译，然后就发生了以上的错误。原因是：在创建第二个 cpp 文件时，没有关闭原来的项目，所以无意中会将新的 cpp 文件加入到上一个程序所在的项目。切换到 File View 视图，展开 Source Files 节点，就会发现有两个文件。

在编写 C++程序时，一定要理解什么是 Workspace、什么是 Project。每一个程序都是一个 Project，一个 Project 可以编译为一个应用程序（*.exe），或者一个动态链接库（*.dll）。通常，每个 Project 下面可以包含多个.cpp 文件和.h 文件，以及其他资源文件。在这些文件中，只能有一个 main()函数。初学者在编写简单程序时，一个 Project 中往往只会有一个 cpp 文件。

Workspace（工作区）是 Project 的集合。在调试复杂的程序时，一个 Workspace 可能包含多个 Project，但对于初学者编写的简单程序，一个 Workspace 往往只包含一个 Project。

当完成一个程序以后，写另一个程序之前，一定要在 File 菜单中选择 Close Workspace 项，在完全关闭前一个项目后，才能进行下一个项目。避免未完全关闭项目的一个方法是每次写完 C++程序，都把 VC 6.0 彻底关掉，然后重写打开 VC 6.0，编写下一个程序。

（3）改正

从文件中的下拉菜单中选择关闭工作空间，再重新建立文件，进行编译和连接。

3. 相应库文件未导入

（1）现象

在编辑程序时，调用已定义函数，未导入相应库文件的错误现象如图 2.7 所示。

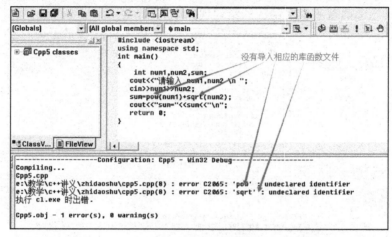

图 2.7　错误现象

（2）错误说明

在编写程序时，调用了库函数中的数学函数，需要导入 CMATH 的文件。

（3）改正

把在程序中需调用的 C++函数所涉及到的库文件导入到程序中，如导入#include<cmath>文件。

4. 算术表达式的表示方法不符合 C++程序编写规则

（1）现象

在编辑程序时，算术表达式表式方法错误的现象如图 2.8 所示。

（2）错误说明

在算术表达式中乘号一定要用*表示。

（3）改正

在程序中添加*后的算术表达式为：

```
sum=(num1+sum)*(num1+num2);
```

5. 除法数据不满足要求

（1）现象

在编辑程序时，除法数据不满足要求的现象如图 2.9 所示。

图 2.8　错误现象

图 2.9　错误现象

（2）错误说明

在表达式中整数/整数得到整数，无法得到实数。

（3）改正

在表达式中，将整数变成小数即可实现程序要求，正确的程序代码为：

```
x=3.0/a;
```

6. 错误拼写引起连接错误

（1）现象

在编辑程序时，由于错误拼写引起连接错误的现象如图 2.10 所示。

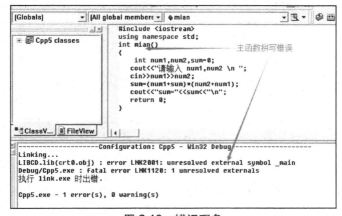

图 2.10　错误现象

（2）错误说明

主函数 main() 拼写错误。

（3）改正

将 mian 改成 main 即可。

7. 在定义工程时选择了 Win32 Application，导致连接错误

（1）现象

进行编译，连接后出现错误，如图 2.11 所示。

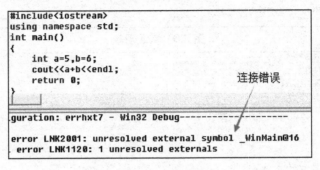

```
#include<iostream>
using namespace std;
int main()
{
    int a=5,b=6;
    cout<<a+b<<endl;               连接错误
    return 0;
}

.guration: errhxt7 - Win32 Debug--------------------

error LNK2001: unresolved external symbol _WinMain@16
 error LNK1120: 1 unresolved externals
```

图 2.11　错误现象

（2）错误说明

在定义工程时选择了 Win32 Application，工程类型选择错误，导致连接错误。

（3）改正

重新定义程序的工程类型，选择 Win32 Console Application，然后把代码重新粘贴进去，编译和连接结果正常。

8. 未定义变量

（1）现象

在编辑程序时，未定义变量导致错误的现象如图 2.12 所示。

```
#include<iostream>
using namespace std;
int main()
{
    double r;
    cout<<"请输入半径:";
    cin>>r;
    area=3.14*r*r;               没有定义变量area
    cout<<area<<endl;
    return 0;
}

iguration: errhxt7 - Win32 Debug--------------------

t7\a.cpp(8) : error C2065: 'area' : undeclared identifier
```

图 2.12　错误现象

（2）错误说明

首先，解释一下什么是标识符。标识符是程序中出现的除关键字之外的词，通常由字母、数字和下画线组成，不能以数字开头，不能与关键字重复，并且区分大小写。变量名、函数

名、类名、常量名等都是标识符。所有的标识符都必须先定义，后使用。标识符有很多种用途，所以错误也有很多种原因。

如果"xxxx"是一个变量名，那么标识符出错通常是由于程序员忘记定义这个变量，或者是由于拼写错误、大小写误用所引起的。（关联：变量，变量定义。）

如果"xxxx"是一个函数名，首先检查函数名是否没有定义。也可能是由于拼写错误或大小写错误，或是所调用的函数根本不存在。还有一种可能，所写函数在调用所在函数之后，而没有在调用之前对函数原型进行声明。（关联：函数声明与定义，函数原型。）

如果"xxxx"是一个库函数的函数名，比如 sqrt()、fabs()，那么检查 cpp 文件一开始是否包含了这些库函数所在的头文件（.h 文件）。例如，使用 sqrt()函数需要头文件 math.h。如果"xxxx"就是 cin 或 cout，那么一般不包含 iostream.h。（关联：#include，cin，cout。）

如果"xxxx"是一个类名，那么表示这个类没有定义，可能原因是：根本没有定义这个类，拼写错误，大小写错误，缺少头文件或者类的使用在声明之前。（关联：类，类定义。）

标识符遵循先声明后使用原则。所以，无论是变量、函数名、类名，都必须先定义，后使用。如使用在前，声明在后，就会引发错误。

C++的作用域也会成为引发错误的陷阱。花括号之内的变量是不能在这个花括号之外使用的。类，函数，if，do(while)，for 所用花括号都遵循这个规则。（关联：作用域。）

前面某句语句的错误也可能导致编译器误认为这一句有错。如果你前面的变量定义语句有错误，编译器在后面的编译中会认为该变量从来没有定义过，以致后面所有使用这个变量的语句都报错。如果函数声明语句有错误，那么将会引发同样的问题。

（3）改正

在程序的开头加上 area 变量的定义：

```
double r, area;
```

2.4 补充习题

一、单选题

1. 运算符+、=、*、>=中，优先级最高的运算符是（   ）。

   A. +   B. =   C. *   D. >=

2. 下列说法正确的是（   ）。

   A. cout<<"\n"是一个语句，它能在屏幕上显示"\n"

   B. \68 代表的是字符 D

   C. 1E+5 的写法正确，它表示余割整型常量

   D. 0x10 相当于 020

3. 下列不合法的变量名为（   ）。

   A. int   B. int1   C. name_1   D. name0

4. 下面正确的为（   ）。

   A. 4.1/2   B. 3.2%3

   C. 3.0/2==1 结果为 1   D. 7/2 结果为 3.5

5. 已知 a=4，b=6，c=8，d=9，则"(a++, b>a++&&c>d)？++d: a<b"的值为（   ）。

A. 9   B. 6   C. 8   D. 0

6. 已知 i=5，j=0，下列各式中运算结果为 j=6 的表达式是（   ）。

    A. j=i++j   B. j=j+i++   C. j=++i+j   D. j=j+i

7. 已知 x=43，ch='A'，y=0；则表达式（x>=y&&ch<'B'&&!y）的值是（   ）。

    A. 0   B. 语法错   C. 1   D. "假"

8. 下列数据类型不是 C++语言基本数据类型的是（   ）。

    A. 字符型   B. 整型   C. 实型   D. 数组

9. 在 C++语言中，080 是（   ）。

    A. 八进制数   B. 十进制数   C. 十六进制数   D. 非法数

10. 下列字符列中，可作为 C++语言程序自定义标识符是（   ）。

    A. switch   B. file   C. break   D. do

11. 运算符 +、<=、=、% 中，优先级最低的运算符是（   ）。

    A. +   B. <=   C. =   D. %

12. 下列字符列中，可以作为"字符串常量"的是（   ）。

    A. ABC   B. "xyz"   C. 'uvw'   D. 'a'

13. 设变量 m, n, a, b, c, d 均为 0，执行(m = a==b)||(n=c==d)后，m, n 的值是（   ）。

    A. 0, 0   B. 0, 1   C. 1, 0   D. 1, 1

14. 字符串"vm\x43\\\np\102q"的长度是（   ）。

    A. 8   B. 10   C. 17   D. 16

15. 在 C++语言中，自定义的标识符（   ）。

    A. 能使用关键字并且不区分大小写   B. 不能使用关键字并且不区分大小写

    C. 能使用关键字并且区分大小写   D. 不能使用关键字并且区分大小写

16. 设有代码 "int a = 5;"，则执行了语句 "a += a -= a*a; " 后，变量 a 的值是（   ）。

    A. 3   B. 0   C. −40   D. −12

17. 设 a 为 5，执行下列代码后，b 的值不为 2 的是（   ）。

    A. b = a/2   B. b = 6−(−−a)

    C. b = a%2   D. b = a < 3 ? 3 : 2

二、填空题

1. 如果 s 是 int 型变量，且 s=6，则下面 s%2+(s+1)%2 表达式的值为_____。

2. 如果定义 int a=2，b=3；float x=5.5，y=3.5；则表达式(float)(a+b)/2+(int)x%(int)y 的值为_____。

3. 设所有变量均为整型，则表达式（e=2，f=5，e++，f++，e+f）的值为_____。

4. 已知字母 a 的 ASCII 码为十进制数 97，且设 ch 为字符型变量，则表达式 ch='a'+'8'−'4' 的值为_____。

三、程序改错题

1. 请输入半径，求周长和面积。

```
#include<iostream >
const double PI = 3.14159;
```

```
int main()
{
double radius;                    //定义半径
double perimeter, area ;          //定义周长和面积
cout<<"请输入圆的半径:";
cin>>radius, area;
perimeter=2(PI)(radius);          //计算周长
area=(PI)(radius)(radius);        //计算面积
cout<<"圆的周长为和面积分别为:", perimete, area<<endl;
return 0;
}
```

2. 输入实数 15.00 和 105.00 及整数等数据类型,按要求输出实数、字符等数据,实数保留小数点后2位。

```
#include<iostream>
using namespace std;
int main()
{  double x,y;
   int a;
   cout<<"输入实数数据 x, y: "<<endl;
   cin>>x>>y;
   cout<<"x: "<<x<<'\t'<<"y: "<<y<<endl;
   cout<<"x^2+y^2="<<pow(x,2)+pow(y,2)<<endl;
   cout<<"输入字符的 ASCII 数据 a: "<<endl;
   cin>>a;
   cout<<"输出变量 a 对应的字符: "<<a<<endl;
   return 0;
}
```

四、编程题

🔔 提示:解决问题步骤

(1)先找出解决问题的数学模型。

(2)解决问题中涉及的变量和常量的数据类型。

(3)是否需要给变量赋初值,考虑用赋值语句还是输入语句。

(4)按照步骤写出相关处理语句。

(5)用输出语句来表示输出的方式。

1. 编写程序,根据输入的球半径,分别计算球的表面积、体积和质量(假设球的密度为 $7.8kg/dm^3$),并输出计算结果。

2. 从键盘输入任意字符、字符串、实数和整数数据,并按下面格式输出。

数据类型	实际数据
字符	b
字符串	I LOVE C++
实数	10.00
整数	190

3. 从键盘输入 x 的值,求出下面式子的值:$\sin(x)+x^2\cos(x)$。

2.5 本 章 实 验

1. 实验要求

- 学会编写简单的顺序 C++程序。
- 掌握基本数据类型变量和常量的应用。
- 掌握运算符与表达式的应用。
- 掌握结构化程序设计基本控制结构的运用。
- 了解使用简单的输入/输出。
- 了解头文件的作用。
- 熟悉 Visual C++ 6.0 的开发环境。学习用 Visual C++ 6.0 编写标准的 C++控制台程序。

2. 实验内容

（1）按照下面步骤调试程序，了解程序调式的步骤。

🔍 知识点：调试 Visual C++ 6.0 开发环境（编辑、编译、连接、运行、调试）。

① 启动 Visual C++ 6.0 开发环境

从"开始"菜单中选择"所有程序"，然后找到 Microsoft Visual Studio 6.0→Microsoft Visual C++ 6.0 并单击，如图 2.13 所示，显示 Visual C++ 6.0 开发环境窗口。

图 2.13　操作系统中选择 VC 6.0 编译软件

② 创建一个项目

进入 Microsoft Visual C++ 6.0 集成开发环境后，选择"文件"→"新建"，弹出新建对话框。单击"工程"标签，打开其选项卡，在其左边的列表框中选择"Win32 Console Application"工程类型，在"工程名称"文本框中输入工程名 hello，在"位置"文本框中输入工程保存的位置，单击"确定"按钮，如图 2.14 所示。

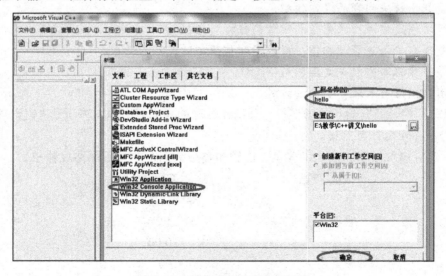

图 2.14　创建新的应用程序界面

在弹出的对话框（如图 2.15 所示）中选择"一个空工程"，单击"完成"按钮。

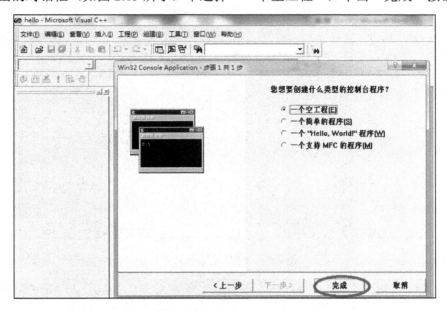

图 2.15　Win32 Console Application 弹出窗口

此时出现"新建工程信息"对话框，如图 2.16 所示。该对话框中提示用户创建了一个空的控制台应用程序，并且没有任何文件被添加到新工程中。此时，工程创建完成。

图 2.16　新工程信息对话框

③ 建立 C++源程序文件

选择"文件"→"新建"，弹出新建对话框。单击"文件"选项卡，在列表框中选择 C++ Source File，在"文件名"文本框中输入文件名 hellofile，选中"添加到工程"复选框，自动生成 hellofile.cpp 文件，如图 2.17 所示。

然后单击"确定"按钮，打开源文件编辑窗口，就会弹出输入源代码窗口，开始输入源代码，如图 2.18 所示。

图 2.17　建立源程序文件名

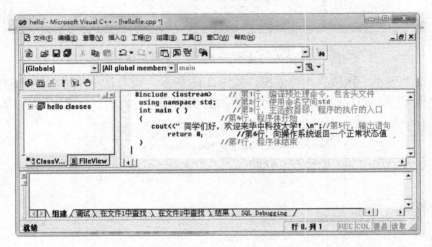

图 2.18　输入源程序代码

④ 编辑 C++源程序文件内容

在文件编辑窗口中输入如下代码。

```cpp
#include<iostream>
using namespace std;
int main()
{
    cout<<"同学们好，欢迎来到华中科技大学\n";
    return 0;
}
```

选择"文件"→"保存"，保存这个文件。

⑤ 建立并运行可执行程序

选择"组建"→"组建 hello.exe"，建立可执行程序。如果正确输入源程序，此时便成功生成可执行程序 hello.exe；如果程序有语法错误，则屏幕下方的状态窗口中会显示错误信息，根据这些错误信息对源程序进行修改后，重新选择菜单命令"组建"→"组建 hello.exe"，建立可执行程序。

⑥ 关闭工作空间

选择"文件"→"关闭工作空间"，关闭工作空间。

以下程序请先画出程序框图，再编写程序，最后在计算机上编译、连接和运行。

（2）编写一个简单程序输出如下内容：

```
           *
        *   *   *
     *   *   *   *   *
```

🔔 知识点：学会输出语句和程序的简单结构。

（3）编写一个程序，从键盘输入半径和高，最后输出圆柱体的底面积和体积。输出格式要求如下：

圆柱体半径为：***.**　　　　　　高为：***.**

圆柱体底面积为：***.**　　　　　　体积为：***.**

🔔 知识点：学会输入、处理和输出语句的结构及输出格式的表示方法，掌握典型程序结构。

（4）编写一个程序，从键盘输入两个整型数，在屏幕上分别输出这两个数的平方和、差、积，以及立方和、差、积。

🔔 知识点：学会数学函数的使用和相应库文件的添加。

（5）编写程序，从键盘输入某一字母的 ASCII 码，如：97（字母 a），98（字母 b），65（字母 A）等，则会在屏幕上输出字母和 ASCII 码。如果从键盘上输入字母，则输出 ASCII 码的数字值和字母。

🔔 知识点：了解字符和 ASCII 码之间的关系。

（6）编写程序输入三角形的三条边，计算三角形的面积并输出。

🔔 知识点：表达式的正确表示。

（7）从键盘中输入 x 和 n 的值，根据 $y = \left(1 + \dfrac{x}{2^n}\right)^n$ 式子求出 y 的值；请输入 x 的值分别为 3.5 和 4，n 为任意数。

🔔 知识点：学会数学函数的使用和相应库文件的添加，以及实数的输出格式。

第3章

分 支 结 构

3.1 知识点结构图

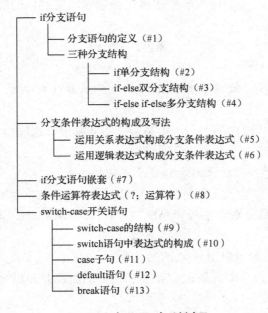

```
├── if分支语句
│       ├── 分支语句的定义（#1）
│       └── 三种分支结构
│                   ├── if单分支结构（#2）
│                   ├── if-else双分支结构（#3）
│                   └── if-else if-else多分支结构（#4）
├── 分支条件表达式的构成及写法
│       ├── 运用关系表达式构成分支条件表达式（#5）
│       └── 运用逻辑表达式构成分支条件表达式（#6）
├── if分支语句嵌套（#7）
├── 条件运算符表达式（?：运算符）（#8）
└── switch-case开关语句
        ├── switch-case的结构（#9）
        ├── switch语句中表达式的构成（#10）
        ├── case子句（#11）
        ├── default语句（#12）
        └── break语句（#13）
```

3.2 知识点详解

1. 分支语句的定义

一般而言，C++程序中的语句是顺序执行的，也就是说，按照程序中语句出现的次序从第一条开始依次执行到最后一条。但实际情况中往往会出现一些特殊的要求，比如应该根据某个条件来决定下面该执行什么操作。这时就需要用流程控制语句中的分支结构来控制语句的执行顺序。

分支结构程序设计方法的关键在于构造合适的分支条件和分支程序执行流程，根据不同的程序流程选择适当种类的分支语句。分支结构适合于带有逻辑比较或关系比较等条件判断的计算，设计这类程序时往往都要先绘制其程序流程图，然后根据程序流程写出源程序，这样做可以将程序设计分析与语言编辑分开，使得问题简单化，易于理解。

2. if单分支结构

当我们编写程序求解问题时，需要将较复杂的问题划分成一个个较简单的问题来解决。

其中，我们经常会遇见在某种情况下必须要作判断才能得到结论的情况，此时就必须使用分支语句。分支语句提供了一种控制机制，使得程序根据相应的条件去执行相应的语句。单分支语句是 if-else 语句的一种特例，要根据条件判断的真假来执行一种操作。简单形式 if-else 语句的语法格式如下：

```
if(布尔表达式)
    语句1;
[else
    语句2;
]
```

其中，用"[]"包括起来的 else 部分是可选的（或称可有可无的）。当程序只需要一个条件就能判断并得出结果时，设计程序的执行过程，就不需要使用"[]"部分的条件语句，此时称其为 if 单分支结构。

语句的执行过程是：首先计算布尔表达式，若布尔表达式的值为 true，则程序执行语句1，否则就什么也不做，转去执行 if 单分支语句后续的语句。

3．if-else 双分支结构

上述 if-else 语句格式中，若有 else 部分，也称其为 if-else 双分支结构。语句的执行过程是：首先计算布尔表达式，若布尔表达式的值为 true，则程序执行语句1，否则执行语句2，然后执行 if 语句后续语句。但需要注意如下问题。

（1）else 子句不能作为语句单独使用，它必须是 if 语句的一部分，与 if 配对使用。

（2）语句1、语句2后面一定要有"；"号。

（3）语句1、语句2可以是复合语句，也可以是一条语句或空语句。

4．if-else if-else 多分支结构

if-else if-else 多分支结构又可称为 if-else if-else 结构。多分支结构语句的语法格式如下：

```
if(布尔表达式1)
    语句1;
else if(布尔表达式2)
    语句2;
    …
else if(布尔表达式m)
    语句m;
else
    语句n;
```

程序从上往下依次判断布尔表达式的条件，一旦某个条件满足，就执行相关的语句，然后就不再判断其余的条件，直接转到 if-else if-else 结构的后续语句去执行。

5．运用关系表达式构成分支条件表达式

运用关系运算符将两个表达式（可以是算术表达式、关系表达式、逻辑表达式、赋值表达式、字符表达式）连接起来的式子，称为关系表达式。例如，判断下面关系表达式的正确性。

（1）a>b

（2）A+B>B+C

（3）(A=3)>(B=5)

（4）'A'>'B'

（5）(A>B)<(B>C)

结论：这些都是合法的关系表达式。

🔍 分析：关系运算实际上就是比较运算，这种运算将两个值进行比较，根据两个值和所进行的比较运算给出一个逻辑值（即真、假值）。对于常量之间的比较，比如，3<8 是一个关系表达式，它是永远成立的，所以这个关系表达式的值就是"真"；又如，3>8 也是一个关系表达式，它是永远不成立的，所以这个关系表达式的值就是"假"。对于变量、表达式和常量之间的相互比较，则需要先将变量或表达式的值计算出来，然后再运用关系运算符的规则比较它们之间的大小。

对于 C++语言中的表达式，在学习过程中应该特别注意表达式的值是什么类型和这个表达式的值是多少。在 C++语言中关系表达式的值是一个逻辑值，即"真"或"假"，比如，关系表达式 5==3 的值为"假"，4>=2 的值为"真"。在 C++语言中，对于"真"值用数字 1 来表示，对于"假"值用数字 0 来表示。又如，若 a=3,b=2,c=1 则 a>b 的值是什么？

6. 运用逻辑表达式构成分支条件表达式

C++语言提供三种逻辑运算符，分别是：&&（逻辑与）、||（逻辑或）和!（逻辑非）。"逻辑与"和"逻辑或"是双目运算符，要求有两个运算量，如(a>b)&&(x>y)；"逻辑非"是单目运算符，只要求有一个操作数（或称其为运算量），如!(a>b)、!a>b。

用逻辑运算符将关系表达式或逻辑量连接起来且有意义的式子称为逻辑表达式。逻辑运算符的运算规则如表 3.1 所示。（其中 0 表示假，1 表示真。）

表 3.1　逻辑运算符的运算规则

A	B	!A	!B	A&&B	A||B
0	0	1	1	0	0
0	1	1	0	0	1
1	0	0	1	0	1
1	1	0	0	1	1

这些逻辑运算符能完成什么样的任务呢？"逻辑与"相当于生活中说的"并且"，就是在两个条件都成立的情况下"逻辑与"的运算结果才为"真"。例如，"明天又下雨并且又刮风"的预言，到底预言对不对呢？如果到了第二天只下了雨，或者只刮了风，又或者干脆就是大晴天，那么这个预言就是错的，或者说是假的。只有明天确实是又下雨并且又刮风，这个预言才是对的，或者说是真的。

"逻辑或"相当于生活中的"或者"，当两个条件中有任一个条件满足时，"逻辑或"的运算结果就为"真"。例如，"明天不是刮风就是下雨"，这也是一个预言，如果明天下了雨，或者明天刮了风，又或者明天又下雨又刮风，那么这个预言就是对的。只有明天又不刮风又不下雨，这个预言才是错的。

"逻辑非"相当于生活中的"不"，当一个条件为真时，"逻辑非"的运算结果为"假"。例如，"明天要下雨"这个意思我们可以用另外一种方式来描述即"明天不下雨是不可能的"。

我们将"明天不下雨"用 A 来表示，那么!A 就表示"明天不下雨是不可能的"或者是"明天要下雨"。

如表 1.1 所示，表示当条件 A 是否成立与条件 B 是否成立形成不同的组合时，各种逻辑运算所得到的值。A、B 的值为 0 表示条件不成立，为 1 表示条件成立。

与关系表达式类似，逻辑表达式的结果如果成立，则结果为 **1**，否则为 **0**。数学中的表达式 **3<x<4** 写成 **C++分支条件表达式应该是 if(x>3&&x<4)**。

7．if 分支语句嵌套

在 if-else if-else 语句中内嵌的语句 2 就相当于前一个 if-else 语句的嵌套。程序依次判断布尔表达式的条件，一旦某个条件满足（即布尔表达式的值为真），就执行相关语句，然后就不再判断其余的条件，直接转到 if 语句的后续语句去执行。每个 else 总是与其上面最近的 if 配对。如果需要，可以使用花括号"{}"来改变配对关系，例如：

```
（1）if(x==1)
        if(y==1)
          a=1;
            else  a=2;
（2）if(x==1)
    {
        if(y==1)
          a=1;
    }
    else a=2;
```

其中，（1）中的 else 与 if(y==1)相匹配；（2）中的 else 与 if(x==1)相匹配。

8．条件运算符表达式（?：运算符）

条件运算符"?："是 C++语言中提供的唯一一个三目运算符。该运算符执行的语法规则与 if-else 双分支结构的语法规则一样。在实际应用中，编写程序实现判断一个整数奇偶性，解题思想为：如果该数是奇数，则该数模 2 的结果为 1，如果该数是偶数，则该数模 2 的结果为 0。下面运用条件运算符"?："来编写程序求解该问题。则有表达式：a%2?1:0。此运算式所表达的意思为：若 a%2 的余数不为 0，则整个表达式的结果为 1，表示 a 为奇数，否则结果为 0，表示 a 为偶数。

9．switch-case 的结构

switch 语句根据表达式的结果来执行多个可能操作中的一个，switch 语句是多分支选择语句，用来实现多分支选择结构，它的一般形式如下。

```
switch(表达式)
{
    case 常量表达式1:语句块1;
    case 常量表达式2:语句块2;
    case 常量表达式n:语句块n;
[default:语句块 n+1;
    break;]
}
```

switch 语句中的每个"case 常量表达式"称为一个 case 子句，代表一个 case 分支的入口。每个 case 后面跟着的语句块里可以有 break 语句，也可以没有。若执行完某个 case 子句后的语句块后，遇到 break 子句，整个 switch-case 结构结束，程序流程转到 switch-case 结构的后续语句；如果没有遇到 break 语句，则继续执行下一个 case 子句或 default 后的语句块，直到遇到 break 语句或者 switch-case 结构中的"}"，那么程序就跳出 switch 结构，继续执行 switch 语句后面的语句序列。

10．switch 语句中表达式的构成

switch 语句中表达式必须是符合 byte、char、short 和 int 等数据类型之一的，而不能使用浮点类型或 long 类型，也不能为一个字符串。

switch 语句将表达式的值依次与每个 case 子句中的常量值比较。如果匹配成功，则执行该 case 子句中常量值后的语句，直到遇到 break 语句为止。

11．case 子句

case 子句中常量的类型必须与 switch 结构中的表达式的类型相容，而 switch 结构中所有 case 子句中常量的值必须是不同的。

12．default 语句

default 子句是可选的，当表达式的值与所有 case 子句中的值都不匹配时，就执行 default 子句后面的语句；如果表达式的值与所有 case 子句中的值都不匹配且没有 default 子句时，则程序不执行任何操作，直接跳出 switch-case 结构，执行其后续语句。

13．break 语句

break 语句用来在执行完其所在的 case 子句后，使程序跳出其所属的 switch 语句，执行该 switch 结构之后的语句。其中 case 只起到标号作用，用来查找匹配的入口，然后执行其后的程序语句。通常，每个 case 分支后要用 break 语句来结束该 case 分支，同时离开其所在的 switch 结构。

3.3　常见错误分析

1．等于关系运算符"=="写成赋值运算符"="

（1）现象

在编辑程序时，将等于关系运算符写成赋值运算符的错误现象如图 3.1 所示。

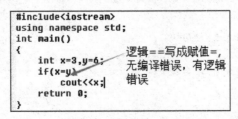

图 3.1　错误现象

（2）错误说明

程序中条件表达式语句表示相等关系应该使用关系运算符中的相等（==）运算符，而不应用赋值运算符（=），若使用赋值运算符（=）将会产生程序的逻辑错误。(x=y)的意思是将y的值赋给x，整个赋值表达式的值就是变量y的值，本例y的值为6。C++编译系统将所有非0的值都认为真，因此，if(x=y)表示的是一个恒为真的if表达式，而程序没有语法错误。

（3）改正

正确的关系表达式程序代码为：

```
if(x==y)
```

2. 分支结构中复合语句前后没有使用花括号

（1）现象

在编辑程序时，分支结构中复合语句前后未添加花括号的错误现象如图3.2所示。

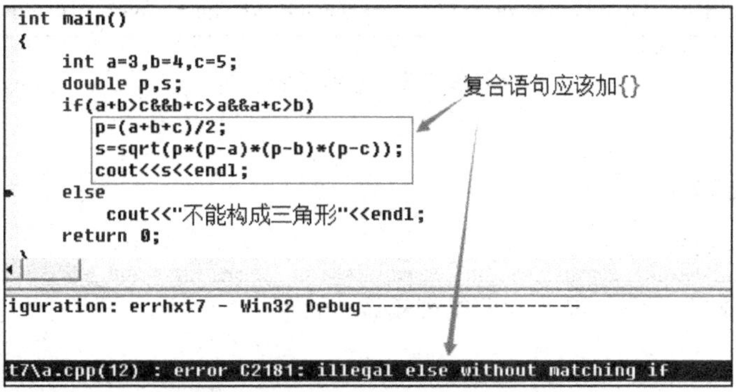

```
int main()
{
    int a=3,b=4,c=5;
    double p,s;
    if(a+b>c&&b+c>a&&a+c>b)
        p=(a+b+c)/2;                      复合语句应该加{}
        s=sqrt(p*(p-a)*(p-b)*(p-c));
        cout<<s<<endl;
    else
        cout<<"不能构成三角形"<<endl;
    return 0;
```

```
iguration: errhxt7 - Win32 Debug---------------------
t7\a.cpp(12) : error C2181: illegal else without matching if
```

图3.2　错误现象

（2）错误说明

当分支结构中的可执行语句数超过一条时，那么，这些执行语句就构成了复合语句，必须要用花括号包括起来。否则程序会按照错误的顺序执行，或编译报错，导致程序无法执行。另外，else与其上面还未有else配对且最近的if配对，一起构成双分支结构，方框中的三条语句构成该双分支语句中的复合语句，在其前后必须添加花括号。

（3）改正

正确的双分支结构程序代码为：

```
if(a+b>c&&b+c>a&&a+c>b)
{   p=(a+b+c)/2
    s=sqrt(p*(p-a)*(p-b)*(p-c));
    cout<<s<<endl;
}
else
    count<<"不能够成三角形"<<endl;
```

3. 逻辑表达式书写错误

（1）现象

在编辑程序时，逻辑表达式书写错误的现象如图3.3所示。

（2）错误说明

条件表达式"0<x<10"为永远为真的表达式，应使用逻辑运算符"&&"连接两个关系表达式。

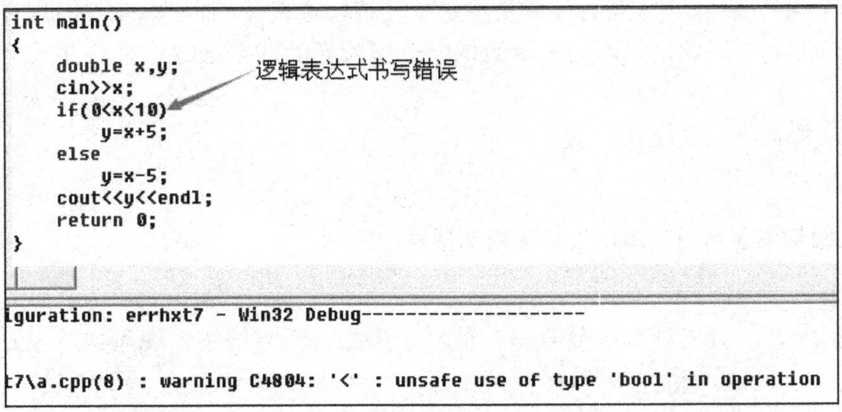

```
int main()
{
    double x,y;
    cin>>x;
    if(0<x<10)          ← 逻辑表达式书写错误
        y=x+5;
    else
        y=x-5;
    cout<<y<<endl;
    return 0;
}
```

```
iguration: errhxt7 - Win32 Debug--------------------

t7\a.cpp(8) : warning C4804: '<' : unsafe use of type 'bool' in operation
```

图3.3　错误现象

（3）改正

正确的程序代码为：

```
if(0<x&&x<10)  y=x+5;
```

4. switch（表达式）中"表达式"类型错误

（1）现象

在编辑程序时，switch（表达式）中"表达式"类型定义错误的现象如图 3.4 所示。

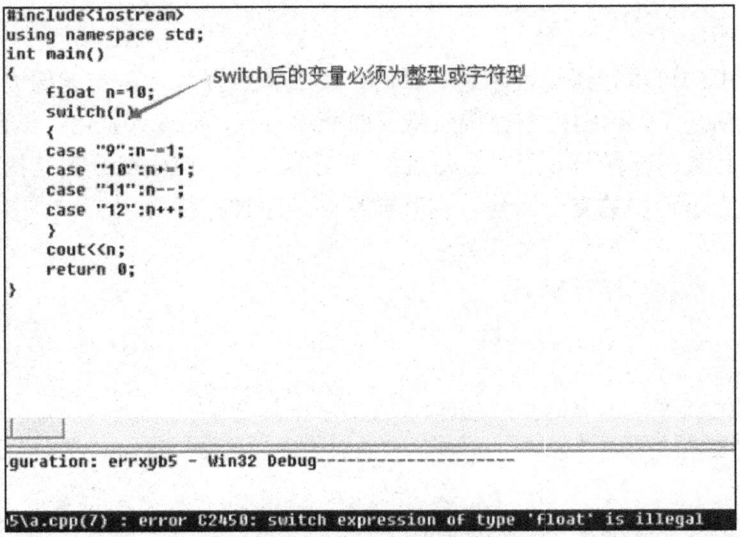

```
#include<iostream>
using namespace std;
int main()
{
    float n=10;              ← switch后的变量必须为整型或字符型
    switch(n)
    {
    case "9":n-=1;
    case "10":n+=1;
    case "11":n--;
    case "12":n++;
    }
    cout<<n;
    return 0;
}
```

```
iguration: errxyb5 - Win32 Debug--------------------

5\a.cpp(7) : error C2450: switch expression of type 'float' is illegal
```

图3.4　错误现象

（2）错误说明

switch（表达式）中"表达式"的数据类型应为 byte、char、short 或 int 类型，本题中由变量 n 构成的表达式的类型是 float 类型，程序编译时编译器会报错误。

（3）改正

在上述程序中，将变量 n 的数据类型声明语句改成满足要求的数据类型（如 int 类型），同时将 case 子句中与变量 n 进行比对的常量表达式改成整形数即可，代码修改为：

```
int n=10;
```

5. switch-case 语句中每个 case 后面紧跟的常量表达式类型运用错误

（1）现象

在编辑程序时，经常会出现 case 子句中常量表达式的类型运用错误的现象，如图 3.5 所示。

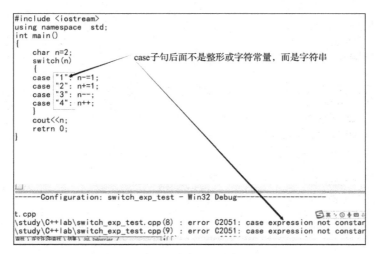

图 3.5　错误现象

（2）错误说明

在 switch-case 语句中，每个 case 后面的"常量表达式"类型必须为 byte、char、short 或 int 类型，必须要与 switch 表达式的数据类型一致。而此例中每个 case 后面的常量为字符串类型。

（3）改正

将所有的 case 后面的双引号改成单引号，正确的程序代码为：

```
switch(n)
{
case '9':n-=1;
case '10':n+=1;
case '11':n--;
case '12':n++;
}
```

3.4　综合案例分析

1. 编写程序，任意输入一个四位数，将其反向输出。如输入"2345"，则输出"5432"。

🔔 分析：首先判断输入的数是一个千位的四位数，否则报输入错误；然后再分别取出千位数的每一位数后，逆序拼接起来后输出该数，就完成了反向输出的任务。现在首要任务就是将输入的千位数中的每位数分别提取出来。由数学相关知识可知，输入千位数的千位数提取方法通过输入数（是千位数）除以 1000 即可得到，这一点可由 C++整型数据类型的特点知道：两个整数相除后取值是商的值（即是整数）。接下来就是输入千位数的个位、十位、百位数数值的获取。那么，要得到用户输入的千位数中个位的数字可以用输入数模 10 求得；而十位数的获取可以用输入数除以 10 后，再模 10 求得；最后，百位数的获取可以用输入数除以 100 后，再模 10 求得；最后将得到的个位、十位、百位、千位数逆序拼接起来后输出该数，此题求解完毕。

程序代码如下：

```cpp
#include<iostream>
using namespace std;
void main()
{
    int a,b,c,d,num,mod;
    cin>>num;
    if(num>=1000&&num<=9999){
        a=num/1000;
        b=num/100%10;
        c=num/10%10;
        d=num%10;
        mod=d*1000+c*100+b*10+a;
        cout<<mod<<endl;
    }
    else
        cout<<"输入数据错误！"<<endl;
}
```

2. 计算几种图形的面积。圆面积的计算公式为 $S=PI×r×r$；长方形面积的计算公式为 $S=a×b$；正方形面积的计算公式为 $S=a×a$。

☖ 分析：程序中定义一个图形的类型，用 PicType 表示；用 cout 语句输出提示信息让用户选择图形类型；然后根据图形类型提示输入需要的参数，最后计算出该类图形面积并输出面积大小。

程序代码如下：

```cpp
#include<iostream>
using namespace std;
void main()
{
    const float PI=3.1415926;
    int PicType;
    float rad,a,b,area;
    cout<<"图形类型为？(1-圆形，2-正方形，3-长方形)：";
    cin>>PicType;
    switch(PicType)
    {
    case 1:
        cout<<"圆的半径为：";
        cin>>rad;
```

```
            area=PI*rad*rad;
            cout<<"面积为: "<<area<<endl;
            break;
        case 2:
            cout<<"正方形的边长为: ";
            cin>>a;
            area=a*a;
            cout<<"面积为: "<<area<<endl;
            break;
        case 3:
            cout<<"长方形的两边长分别为: ";
            cin>>a>>b;
            area=PI*a*b;
            cout<<"面积为: "<<area<<endl;
            break;
        default:
            cout<<"不是合法的输入值! ";
        }
    }
```

3.5　补 充 习 题

一、单选题

1．下列表达式中，正确的是（　　　）。

    A．4.0%2.0　　　　　　　　　　　　　　B．k++++j

    C．a+b>c+d?a:b　　　　　　　　　　　　D．float x=3; y %=x;

2．设有说明语句"int x=1，z=1，y=1，k;"，则执行语句"k=x++||++y&&++z;"后，变量 y 的值为（　　　）。

    A．1　　　　　　　B．2　　　　　　　C．3　　　　　　　D．4

3．若已有说明语句"int x,y;"，则不能实现以下函数关系的程序段是（　　　）。

$$y = \begin{cases} -1 & (x < 0) \\ 0 & (x = 0) \\ 1 & (x > 0) \end{cases}$$

    A．if (x<0) y=−1;　　　　　　　　　　B．y=−1;
         else if (x==0) y=0;　　　　　　　　 if (x!=0)
           else y=l;　　　　　　　　　　　　　 if(x>0) y=1;
                                        else y=0;

    C．y=0;　　　　　　　　　　　　　　　D．if(x>=0)
       if(x>=0)　　　　　　　　　　　　　 if(x>0) y=l;
       {if(x>0) y=1;}　　　　　　　　　　 else y=0;
       else y=−1;　　　　　　　　　　　　 else y=−1;

4．if(!k)等价于（　　　）。

    A．if (k == 0)　　　　　　　　　　　　B．if (k != 1)

    C．if (k != 0)　　　　　　　　　　　　D．if (−k)

5. if(k)等价于（　　　）。
   A．if (k < 0)   B．if (k > 0)
   C．if (k != 0)   D．if (k == 1)

6. 以下 if 语句书写正确的是（　　　）。
   A．if (x = 0;)   cout << x;
      else   cout << –x;
   B．if (x > 0)   { x = x + 1;   cout << x; }
      else   cout << –x;
   C．if (x > 0);   { x = x + 1;   cout << x; }
      else   cout << –x;
   D．if (x > 0)   { x = x + 1;   cout << x };
      else   cout << –x;

7. 对于整型变量 x，下述 if 语句与赋值语句 "x=x%2==0?1:0;" 不等价的是（　　　）。
   A．if (x%2!=0) x=0; else x=1;   B．if (x%2) x=1; else x=0;
   C．if (x%2= =0) x=1; else x=0;   D．if (x%2= =1) x=0; else x=1;

8. 若有定义 "int x=1,y=2,z=4;" 则以下程序段运行后 z 的值为（　　　）。

   ```
   if(x>y) z=x+y;
   else z=x-y;
   ```

   A．3   B．–1   C．4   D．不确定

9. 以下程序的运行结果是（　　　）。

   ```
   void main()
   {
     int n='c';
     switch(n++)
     {
       default: printf("error "); break;
       case 'a':
       case 'b': printf("good "); break;
       case 'c': printf("pass ");
       case 'd': printf("warn ");
     }
   }
   ```

   A．pass   B．warn   C．pass warn   D．error

10. 若有定义 "int a=1,b=2,c=3;" 则执行以下程序段后 a,b,c 的值分别为（　　　）。

   ```
   if (a<b){
       c=a;a=b;b=c;
   }
   ```
   A．a=1,b=2,c=3   B．a=2,b=3,c=1   C．a=2,b=3,c=3   D．a=2,b=1,c=1

二、程序改错题

1．由键盘输入一个点坐标，要求编程判断这个点是否在单位圆上（精度以小数点后 3 位进行判断），点在圆上输出 "Y"，否则输出 "N"。程序代码如下，请将错误部分改正。

```
#include<iostream>
#include<cmath>
using namespace std;
void main()
{
        float x,y;
        cin>>x>>y;
        if(fabs(x*x+y*y)-1<=1e-3)
            cout<<"Y"<<endl;
        else
            cout<<"N"<<endl;
}
```

2. 有如下程序段代码，请将错误部分改正。

```
...
if(a<1)
c=2;
else if(a==1)
b=2;
c=3;
else
b=3;
c=4;
...
```

3. 下面程序是实现一个简单的运算器。程序代码如下，请将错误部分改正。

```
#include<iostream>
#include<cmath>
using namespace std;
void main()
{
    float x,y;
    char op;
    cin>>x>>op>>y;
    switch(op)
  {
    case  +:cout<<x+y<<endl;break;
    case  -:cout<<x-y<<endl;break;
    case  *:cout<<x*y<<endl;break;
    case  /:cout<<x/y<<endl; break;
  }
}
```

三、编程题

1. 设计一个程序，从键盘输入 a, b, c 三个整数，将它们按照从大到小的次序输出。
2. 设计一个程序，判断从键盘输入的整数的正负性和奇偶性。

3.6 本章实验

1. 实验要求

- 掌握三种 if 结构的使用。
- 掌握 if 结构的嵌套。
- 掌握 switch-case 开关语句。

2. 实验内容

（1）编写程序，输入一个数，判断它的奇偶性后输出结果。

🔔 提示：判断一个数是否为偶数，只需要判断它是否能被 2 整除，若能整除，则为偶数，否则为奇数。

（2）编写程序，求一元二次方程 $ax^2+bx+c=0$ 的根。包括以下判断和结果，若输入 $a=0$，给出提示；$\Delta=b^2-4ac$，若$\Delta>0$，输出两个不等的实根；若$\Delta=0$，输出两个相等实根；若$\Delta<0$，输出两个复数根。

🔔 提示：本题需要使用 if-else 结构的嵌套，关键是搞清楚嵌套关系。

（3）编写程序，输入一门课程的成绩，若高于 90 分（包括 90 分），输出"A grade"；若高于 80 分（包括 80 分）而低于 90 分，输出"B grade"；若高于 70 分（包括 70 分）而低于 80 分，输出"C grade "；若高于 60（包括 60 分）分而低于 70 分，输出"D grade"；否则输出"Not passed"。

要求：

① 使用 if-else 语句和 switch 语句两种方法实现。

② 分析 if-else 语句和 switch 语句的区别，switch 语句特别适合于什么情况使用？

③ 思考使用 switch 语句时应注意什么？

（4）编写程序，输入一个数，判断其是否是 3 或 7 的倍数，可分为 4 种情况输出。

① 是 3 的倍数，但不是 7 的倍数。

② 不是 3 的倍数，是 7 的倍数。

③ 是 3 的倍数，也是 7 的倍数。

④ 既不是 3 的被数，也不是 7 的倍数。

第4章

循环控制结构

4.1 知识点结构图

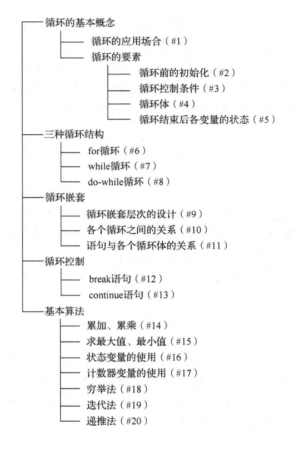

```
循环的基本概念
    ├── 循环的应用场合（#1）
    └── 循环的要素
            ├── 循环前的初始化（#2）
            ├── 循环控制条件（#3）
            ├── 循环体（#4）
            └── 循环结束后各变量的状态（#5）
三种循环结构
    ├── for循环（#6）
    ├── while循环（#7）
    └── do-while循环（#8）
循环嵌套
    ├── 循环嵌套层次的设计（#9）
    ├── 各个循环之间的关系（#10）
    └── 语句与各个循环体的关系（#11）
循环控制
    ├── break语句（#12）
    └── continue语句（#13）
基本算法
    ├── 累加、累乘（#14）
    ├── 求最大值、最小值（#15）
    ├── 状态变量的使用（#16）
    ├── 计数器变量的使用（#17）
    ├── 穷举法（#18）
    ├── 迭代法（#19）
    └── 递推法（#20）
```

4.2 知识点详解

1. 循环的应用场合

循环就是反复执行某些操作的过程，循环的目的是为了提高效率。比如，求 3 个数的和，我们可以定义 3 个变量 x1, x2, x3，然后定义 1 个 sum，sum=x1+x2+x3，可是当问题的规模变大时，这种方法就不方便了。比如，要求 100 个数的和，这 100 个数由键盘输入。如果定义 100 个变量，除了增加系统内存的开销外，写代码也很麻烦，不仅定义变量要 100 次，而且输入操作也要 100 次，做加法也是 100 次，不管是 100 次输入还是 100 次加法，操作内容都很雷同。如果有一种操作可以把这 100 次类似的操作用一条通用的语句来表示，可以提高效率，循环结构就是用来解决这类问题的。

2．循环前的初始化

在写循环代码之前，要做一些准备工作。比如，上面讲过的求 100 个数的和，需要在循环之前定义好用来存放和数的变量 sum 及统计循环次数的循环变量 i。sum 是用来求和的，初始值应该为 0，i 是用来控制循环次数的，初始值可以从 0 开始或从 1 开始。如果使用 for 循环，可以将 i 的初始化操作放在 for 循环的表达式 1 中。

3．循环控制条件

循环控制条件是用来控制循环的执行和结束，当控制条件成立时，循环体执行；当控制条件不成立时，跳出循环体，接着执行循环体之后的语句。

有时候循环次数是已知的，比如求 100 个数的和，循环次数就是 100 次。如果我们用 for 循环来实现，循环变量 i 来控制循环次数，则 for 语句可以写成 for(i=1;i<=100;i++)，其中 i<=100 是循环控制条件，指循环体能够执行的前提条件，它和表达式 1 及表达式 3 一起，确定了循环次数为 100 次。

如果仅仅需要控制循环次数为 100 次，而 for 循环体内并没有用到循环变量 i，其实 for 循环也可以写成 for(i=0;i<100;i++)。

有时候循环次数是未知的，这时建议用 while 或 do-while 循环，但是循环的终止条件是知道的，把终止条件取反，就是循环控制条件。比如，存 10 万元钱，年利率为 5%，什么时候变成 20 万元？这个循环次数正是我们要找的答案。如果用变量 money 表示钱的变化，那么 money 的初值是 10，循环控制条件应该是 money<20。

循环控制条件也是要反复判断的，如果在循环控制条件里写了"++"或"—"，也是要反复执行的。

4．循环体

循环体就是要反复执行的操作部分。在设计循环时，应该设计清楚哪些操作是需要反复执行的，哪些是循环体结束之后才需要执行一次的。对于上述求 100 个数的和，反复执行的操作应该包括两个操作：一是输入，二是累加。因此，循环体应该是两条语句。当循环体语句不止一条时，需要用{}将循环体括起来。

5．循环结束后各个变量的状态

首先要搞清楚，整个循环改变了哪些变量，循环正常结束后这些变量的值应该是什么。还是求 100 个数的和，在整个循环过程中，循环变量 i 的值在改变，最终 i 的值应该是从 1 开始一直加 1，直到第一次不满足表达式 2（i<=100）的值，也就是 101 为止；同时变量 x 的值是不停地用新输入的值代替原来的值。也就是说，循环结束后变量 x 的值应该是最后一次执行循环体时输入的值，变量 sum 一直在做加法，循环体结束后，它的值应该是这 100 个数的和。当明确了程序执行到循环结束后各个变量的正确值，就可以使用调试工具来调试，

或者在循环体后使用 cout 来输出这些变量值，将程序输出结果或调试窗口看到的结果与自己判断的正确结果进行比对，如果二者不一致，就说明之前的程序有逻辑错误。

6. for 循环

for 循环的格式如下：

```
for(表达式1;表达式2;表达式3)
{
    循环体
}
```

表达式 1 用来给循环变量赋初值，表达式 2 是循环控制条件，是循环体能够执行的条件。表达式 3 更改循环变量的值，使得循环控制条件最终能够不成立，循环得以结束。当循环体只有一条语句时，外面的{}可以省略。整个 for 循环相当于一条语句，可以出现在任何需要一条语句的地方，外面不需要加{}。

例如：

```
for(i=1;i<=100;i++)
{
    cin>>x;
    sum+=x;
}
```

执行流程：

先执行表达式 1，1 次。

然后判断表达式 2，如果成立，则执行循环体；不成立，跳到 for 循环之后的语句，本例表达式 2 需要判断 101 次。

执行循环体之后，程序流程跳到表达式 3：i++。

在本例中循环体的两条语句执行 100 次，i++执行 100 次。

for 循环的 4 种变化方式如下。

变化 1：表达式 1 移到循环体外

```
i=1;
for(;i<=100;i++)
{
  cin>>x;
  sum+=x;
}
```

变化 2：表达式 1 由逗号表达式组成

```
for(i=1,sum=0;i<=100;i++)
{
  cin>>x;
  sum+=x;
}
```

变化 3：表达式 3 由逗号表达式组成，循环体由空语句组成

```
int i,sum=0;
for(i=1;i<=100;i++,sum+=i);
```

变化 4：表达式 2 为空，但两个分号依然存在

```
for(i=1;;i++)
{
    循环体
}
```

这样写出来的循环是无限循环，表达式 2 为空相当于表达式 2 永远为真，一般需要在循环体中使用 if 条件判断和 break 语句结合，让循环能够结束。

7. while 循环

while 循环的格式如下：

```
while(表达式)
{
    循环体
}
```

执行流程：

当表达式成立时，执行循环体；否则，整个 while 循环结束，接着执行 while 循环之后的语句。

while 后面的表达式就是循环控制条件，写 while 循环时，一些初始化的操作放在 while 循环语句的前面。而使得循环控制条件最终能够不成立的语句，则放在循环体中。同样，当循环体只有一条语句时，{}可以省略，整个 while 循环相当于一条语句，可以出现在任何需要一条语句的地方，外面不需要加{}。while 循环一般用于循环次数未知的情况。

8. do-while 循环

do-while 循环的格式如下：

```
do{
循环体
}while(表达式);
```

执行流程：

先执行循环体，然后再判断表达式是否成立，如果成立则继续执行循环体，直到表达式不成立为止。

和 while 循环的区别：

当表达式一开始不成立时，while 循环的循环体一次也不执行，而 do-while 循环的循环体至少执行一次。

⌂ 注意：

（1）while 表达式后有分号；

（2）表达式是循环体执行的条件，不是循环体结束的条件，这一点和 while 循环相同。

do-while 循环一般也用于循环次数未知的循环，有些情况下，表达式中所需的循环变量需要在循环体中先计算出来，这种情况更适合用 do-while 循环。

9. 循环嵌套层次的设计

循环嵌套在大多数情况下，推荐使用 for 循环实现。

在设计循环嵌套时，有如下几个问题需要解决。

（1）嵌套多少层，内循环之间还有没有平行的循环关系。

（2）每个循环变量所代表的含义，循环变量之间是独立的，还是有一定的相互关系，如果有关系，是什么关系。

（3）循环体语句中是否用到了循环变量。

如下例子则需要使用循环嵌套来实现。

【例 4.1】 求水仙花数，水仙花数是指一个三位数可以拆分成各个位数上数字的立方和。

可以设计一个三重循环，三个循环变量分别代表个位、十位和百位，其中百位不能为 0，这三个循环变量之间是独立的。

【例 4.2】 以*打印边长为 n 的直角三角形，n 由键盘输入，结果如图 4.1 所示。

```
*
* *
* * *
* * * *
* * * * *
```

图 4.1　边长为 n 的直角三角形

设计时用两重循环实现，外循环控制行数，内循环控制每行的*个数，内循环的循环次数和外循环的循环变量值相等，这就是内外循环变量之间相互关联的例子。

10. 各个循环之间的关系

只要有一层嵌套关系的循环，就称为嵌套循环。但是循环与循环之间，可能既有嵌套的关系，又有平行的关系。

如果将直角三角形变成等腰三角形，如图 4.2 所示，则外循环内部有两个平行的内循环，一个用来处理每行前面的空格，一个用来输出*及*后的空格。

图 4.2　等腰三角形

11. 语句与各个循环体的关系

当程序有多重循环时，有一些初始化操作及输出操作到底应该放在哪个循环体里面呢？

例如：求 1!+2!+3!+…+n!

两重循环完成，外循环 i 从 1 到 n，内循环求 i!，求和变量 sum 初值为 0，求 i 的阶乘变量 fac 初值为 1，sum 和 fac 的初始化应该放在哪里呢？

语句与循环的关系有以下四种。

（1）语句放在外循环之前。

（2）语句放在外循环的循环体内。

（3）语句放在内循环的循环体内。

（4）语句放在外循环结束后。

到底语句应该放在哪里，取决于它的功能，以及它需要执行的次数。初始化操作分为两种：只需要初始化一次的，放在外循环之前；需要初始化多次的，根据需要，也可能放在外循环体内，内循环之外。

内循环的循环体内语句执行的次数=外循环的循环次数*内循环的循环次数，满足此要求的语句才能放在内循环体内。

外循环结束后的语句已经是顺序执行的语句，与循环无关。

12. break 语句

break 语句的格式如下：

```
break;
```

break 语句一般用于循环体中，与 if 条件结合，提前退出循环。

break 语句在多重循环中只能退出一层循环。

13. continue 语句

continue 语句的格式如下：

```
continue;
```

continue 语句一般也用于循环体中，大多数情况下，用于 for 循环中。也是与 if 条件结合，跳过 continue 后面的循环体语句，直接跳到表达式 3。

14. 累加、累乘

有很多需要累加和累乘的操作。累加时，需要设置一个计算总和的变量 sum，大多数情况下 sum 的初值为 0，对于需要迭代的累加，sum 的初值可以设置为迭代算法的第一项；累乘时，需要一个计算总乘积的变量 mul，大多数情况下，mul 的初值为 1。

累加的例子：下面的程序求 1 到 100 的和。

```
int i,sum=0;
for(i=1;i<=100;i++)
sum+=i;
```

累乘的例子：下面的程序求 1 到 10 的积。

```
int i,mul=1;
for(i=1;i<=10;i++)
mul*=i;
```

15. 求最大值、最小值

求一些数中的最大值和最小值时，需要首先定义一个代表最大值或最小值的变量 max 或 min，并且假设第一个值是最大的或最小的，将其值保存在变量 max 或 min 中，然后通过循环比较，找出最大值或最小值。

程序代码如下：

```
int x,i,max,min;
cin>>x;
max=x;
```

```
min=x;
for(i=1;i<=10;i++)
{
    cin>>x;
    if(x>max)
        max=x;
    if(x<min)
        min=x;
}
```

16. 状态变量的使用

状态变量也称为标志变量。有时候，需要用一个变量表示一种状态。如果只有两种状态，状态变量实际上是利用了 C++ 程序中非 0 代表真，0 代表假这个原理。一般情况下，初始值为 1 或 0 表示一种状态，当满足某个 if 条件时，将其值改为 0 或 1，0 和 1 分别代表两种状态。当然有些情况下可能会有三种或四种状态，也可以分别定义三个整数代表三种状态。例如−1、0 和 1 分别代表一个整数为负数、零或正数。

例如，教材中龟兔赛跑的例子，使用一个状态变量表示兔子是在休息还是在前进，以决定后面需要做的操作。初始值为 1，表示兔子在前进，当兔子跑了十分钟并且超过乌龟时，将状态变量的值改为 0，表示兔子现在是休息状态。

例如，教材中判断素数的例子也用到了状态变量 flag，flag 的初值为 1，1 代表 m 是素数。相当于先假设 m 是素数，然后通过循环让 m 去整除每一个数 i（按照素数的定义，i 从 2 到 $m-1$），只要有一个被整除，就可以证明 m 不是素数，从而改变状态变量的值为 0。循环结束后通过判断状态变量的值就可以知道 m 到底是不是素数了。

17. 计数器变量的使用

有时候，需要统计次数或个数，这时候需要设计计数器变量。计数器变量是整型变量，当满足条件时，将计数器变量自增 1。例如，统计一串输入的整数中正数、负数和零的个数，就需要设计三个计数器变量 pos、zero 和 neg，分别代表这三种类型数字的个数，初始值为 0，每输入一个整数，就使用 if 条件判断，为正数 pos++，为零 zero++，为负数 neg++。

18. 穷举法

穷举法的基本思想是，在有限范围内列举所有可能的结果，找出其中符合要求的解。

穷举法适合求解的问题是：可能的答案是有限个且答案是可知的，但又难以用解析法描述。这种算法通常用循环结构来完成。

一般来说，这样的问题可以列出数学方程，例如，教材中的百钱买百鸡问题，可以列出两个方程：$5x+3y+z/3=100$ 和 $x+y+z=100$；x, y, z 分别代表公鸡、母鸡和小鸡数。三个未知数，两个方程，按照解析法是不可能解出答案的，这时候就需要将 x, y, z 作为循环变量，通过题目来分析 x, y, z 的取值范围，通过三重循环，对 x, y, z 分别在取值范围内穷举，满足两个方程答案的才是符合要求的解（注意：z 必须是 3 的倍数，思考原因）。

可以列出方程式，方程的个数少于未知数个数的问题，都可以用穷举法来解决。

19. 迭代法

迭代法是一种具体解决问题的方法，它必须有迭代式与迭代变量。这个被迭代的式子是不变的，变的是迭代变量，迭代变量有一个初始值，然后通过递推公式计算出迭代变量的新值，不停地用新值代替旧值，直到误差在允许的范围内为止。例如：

$$e^x = 1 + x + \frac{x^2}{2!} + \frac{x^3}{3!} + \cdots + \frac{x^n}{n!}$$

该展开式的每一项可以用一个通式来表示：

$$\frac{x^i}{i!}$$

这个就是被迭代的式子，只是 i 在不停地变化。

然而在使用 C++ 语言解决这类问题时，为了提高执行效率和减少程序代码的编写量，则可以找出前后两项的关系，也就是递推公式，然后用循环来解决该类问题，并没有用通式来编程。也就是说，其实是用递推的方法来解决迭代问题的。

该展开式中的各项 item 与 i 及前一项的关系如表 4.1 所示。

表 4.1 关系示意

i	0	1	2	3
item	1	$x(1*x/1)$	$x*x/2$	$x*x/2*x/3$

因此前后两项的关系可以表示为：

$$\text{item}=\text{item}*x/i$$

对于这类问题，关键是通过定好 i 和每项的关系（思考为何第 1 项 i 的值是 0 而不是 1），然后得到前后两项之间的递推公式。剩下的问题是，定义一个求和变量 sum，然后通过循环累加上去。

20. 递推法

递推算法是通过问题的一个或多个已知解，用同样的方法逐个推算出其他解，如数列问题，近似计算问题等，通常也要借助于循环结构完成。

递推与迭代的区别在于，递推法所解决的问题只能找出后面的项与前面的项之间的关系，没有像迭代法那样有一个通式可以表示。换句话说，递推是种思想，而迭代是种方法。

例如教材中的 fibonacci 数列问题，递推公式是：

$$f(n)=f(n-1)+f(n-2)$$

结合循环，就可以不停地累加到所需要的项。但 $f(n)$ 无法写成关于 n 的式子。

4.3 常见错误分析

一、常见编译错误

for 语句 3 个表达式之间少了分号

（1）现象

在编辑程序时，for 语句表达式间未使用分号的错误现象如图 4.3 所示。

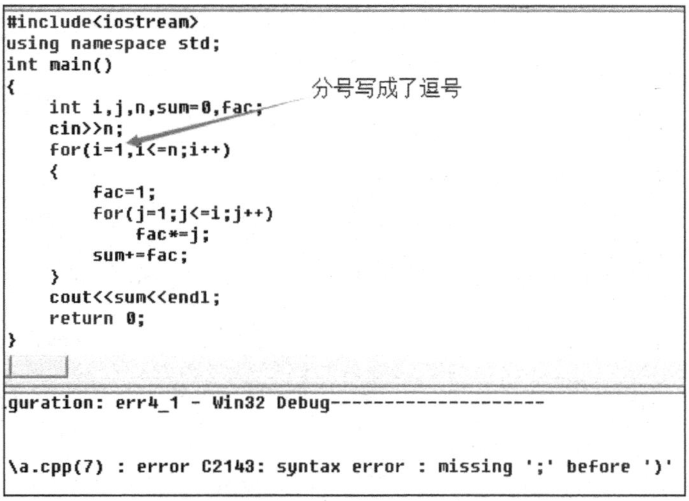

```
#include<iostream>
using namespace std;
int main()
{
    int i,j,n,sum=0,fac;
    cin>>n;
    for(i=1,i<=n;i++)          分号写成了逗号
    {
        fac=1;
        for(j=1;j<=i;j++)
            fac*=j;
        sum+=fac;
    }
    cout<<sum<<endl;
    return 0;
}
```

```
.guration: err4_1 - Win32 Debug--------------------

\a.cpp(7) : error C2143: syntax error : missing ';' before ')'
```

图 4.3 错误现象

（2）错误说明

for 循环的三个表达式之间必须有两个分号来区分三个表达式。如果不小心把分号写成了逗号，则 C++编译系统无法找到三个表达式，就会出错。

（3）改正

将出错行的逗号改成分号，正确的程序代码为：

```
for(i=1;i<=n;i++)
```

二、常见逻辑错误

1．累加器变量没有初始化

（1）现象

在编辑程序时，累加器变量没有初始化的错误现象如图 4.4 所示。

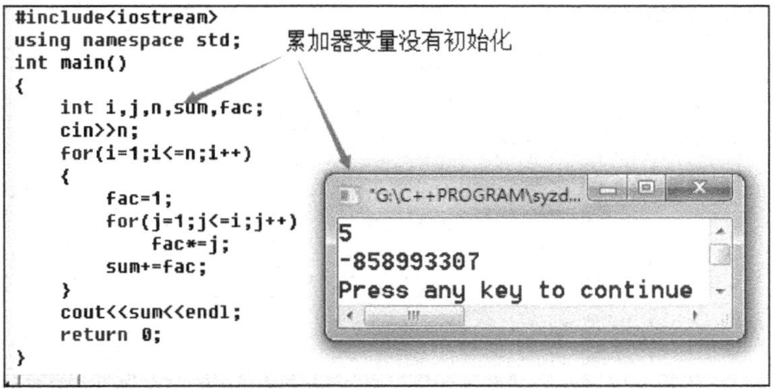

```
#include<iostream>
using namespace std;          累加器变量没有初始化
int main()
{
    int i,j,n,sum,fac;
    cin>>n;
    for(i=1;i<=n;i++)
    {
        fac=1;
        for(j=1;j<=i;j++)
            fac*=j;
        sum+=fac;
    }
    cout<<sum<<endl;
    return 0;
}
```

```
*G:\C++PROGRAM\syzd...
5
-858993307
Press any key to continue
```

图 4.4 错误现象

（2）错误说明

该代码中 sum 是用来累加的变量，可是由于它没有初始化为 0，系统会给它一个随机的负数，因此导致最终求出来的和错误。

（3）改正

给 sum 赋初值 0，正确的程序代码为：

```
int i,j,n,sum=0,fac;
```

2. 循环体由多条语句组成，却少了{}

（1）现象

在编辑程序时，包含多条语句的循环体未用{}包括起来的错误现象如图 4.5 所示。

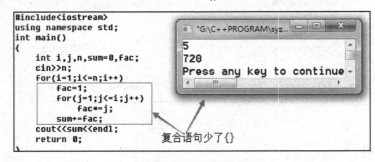

图 4.5　错误现象

（2）错误说明

该程序中，i 循环的循环体应该由三条语句组成：

```
fac=1;//(1)
for(j=1;j<=i;j++)  //(2)
    fac*=j;//(2)
sum+=fac;//(3)
```

所以需要用{}将这三条语句括起来，如果不括起来，则表明只有 fac=1;//(1)是 i 循环的循环体，j 循环和 i 循环是平行关系，i 循环虽然循环了 n 次，却只做了一件事，就是给 fac 变量赋值 1，i 循环结束后，i 的值为 6，因此 j 循环实际上是求 6!，因此输出的结果是 6!。

（3）改正

添加{}，正确的程序代码为：

```
for(i=1;i<=n;i++)
    {
        fac=1;//fac 初始化
        for(j=1;j<=i;j++)
            fac*=j;
        sum+=fac;//累加
    }
```

3. for 循环外多了一个分号

（1）现象

在编辑程序时，for 循环外多了一个分号的错误现象如图 4.6 所示。

（2）错误说明

分号相当于空语句，作为循环体，而真正的循环体语句"fac*=i;"则作为循环体外顺序执行的语句，此时 i 的值为 6，因此最终输出的是 6。

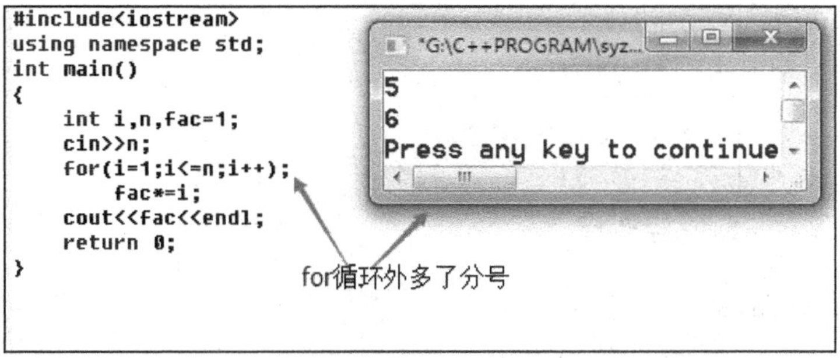

```
#include<iostream>
using namespace std;
int main()
{
    int i,n,fac=1;
    cin>>n;
    for(i=1;i<=n;i++);
        fac*=i;
    cout<<fac<<endl;
    return 0;
}
```

for循环外多了分号

图 4.6 错误现象

（3）改正

去掉分号，正确的程序代码为：

```
for(i=1;i<=n;i++)
fac*=i;
```

三、典型案例错误分析

求 1!+2!+3!+⋯+n!，n 由键盘输入。

（1）正确的程序

```
#include<iostream>
using namespace std;
int main()
{
    int i,j,n,sum=0,fac;
    cin>>n;
    for(i=1;i<=n;i++)
    {
        fac=1;//fac 初始化

        for(j=1;j<=i;j++)
            fac*=j;

        sum+=fac;//累加
    }
    cout<<sum;
}
```

j 循环求 j!

输出结果如图 4.7 所示。

（2）错误的程序 1

```
#include<iostream>
using namespace std;
int main()
{
    int i,j,n,sum=0,fac;
    cin>>n;
    fac=1;
```

```
        for(i=1;i<=n;i++)
        {
                for(j=1;j<=i;j++)
                    fac*=j;

            sum+=fac;//累加
        }
        cout<<sum;
    }
```

输出结果如图 4.8 所示。

```
5
153Press any key to continue_
```

```
5
34863Press any key to continue_
```

图 4.7　正确程序的输出结果　　　　　图 4.8　错误程序 1 的输出结果

该错误程序与前面正确程序的区别仅有 1 处，就是"fac=1;"这条语句的位置。

它正确的位置是在外循环的循环体处，对于每个 i，fac 变量用来求它的阶乘。因此，fac 的初始化工作应该是每个 i 均初始化 1 次，共初始化 n 次，而不是在 i 循环体外先初始化 1 次。

该程序错误的结果是这样求出来的：

1!=1

2!=1!*2

3!=2!*1*2*3

4!=3!*1*2*3*4

5!=4!*1*2*3*4*5

sum=1!+2!+3!+4!+5!

可加一下看看是不是这个结果。

（3）错误的程序 2

```
#include<iostream>
using namespace std;
int main()
{
    int i,j,n,sum=0,fac;
    cin>>n;
    for(i=1;i<=n;i++)
    {
                for(j=1;j<=i;j++)
                {
                fac=1;
                    fac*=j;
                }
    sum+=fac;//累加
    }
        cout<<sum<<endl;
    }
```

输出结果如图 4.9 所示。

```
5
15Press any key to continue
```

图 4.9　错误程序 2 的输出结果

该错误将"fac=1;"初始化语句放在内循环体中，结果是 fac 并没有求阶乘，只把最后一次内循环 i 的值乘了上去，所以该程序的错误结果是这样求出来的：

1!=1

2!=2

3!=3

4!=4

5!=5

sum=1!+2!+3!+4!+5!

请进行检验，并将三个程序用调试工具调试。

（4）错误的程序 3

```
#include<iostream>
using namespace std;
int main()
{
    int i,j,n,sum ,fac;     //错误1，累加器sum没有初始化
    cin>>n;
    for(i=1;i<=n;i++)       //错误2，i循环的循环体是3条语句，没有加{}
      fac=1;                //fac初始化
        for(j=1;j<=i;j++)
          fac*=j;
      sum+=fac;             //累加
    cout<<sum<<endl;
}
```

请将该程序运行一下，看看结果会如何呢？

4.4　补 充 习 题

一、单选题

1. 若有如下程序，它的运行结果是（　　）。

```
int i,sum;
for(i=1;i<=3;i++)
  sum+=i;
cout<<sum<<endl;
```

　　A. 6　　　　　　　　B. 3　　　　　　　　C. 2　　　　　　　　D. 随机数

2. 对于下面的程序，如果输入 7,8,9，最后输出的结果是（　　）。

```
int i,x,sum=0;
for(i=1;i<=3;i++)
    cin>>x;
    sum+=x;
cout<<sum<<endl;
```
A. 7   B. 8   C. 9   D. 24

3. 以下说法正确的是（ ）。

  A. break 语句可以跳出多层循环

  B. continue 语句用来跳出整个循环

  C. 外循环变化慢，内循环变化快

  D. 以上说法都不正确

4. 以下的循环语句块，有语法错误的是（ ）。

  A.
```
for(i=0,sum=0;;i++)
    sum+=i;
```
  B.
```
i=10;sum=0;
while(i)
{sum+=i;i--;}
```
  C.
```
i=10;sum=0;
do{
sum+=i;i—;
}while(i>0)
```
  D. 以上三个都有语法错误

5. 以下程序的输出结果是（ ）。
```
int i=10,sum=0;
do
{
sum+=i;
i--;
}while(i<0);
cout << sum;
```
A. 0   B. 10   C. 7   D. 55

6. 程序段"int k=10; while (k=1) k=k-1;"则下面描述中正确的是（ ）。

  A. while 循环执行 10 次   B. 循环是无限循环

  C. 循环体语句一次也不执行 D. 循环体语句执行一次

7. 程序段"int x=0,s=0; while(!x!=0)s+=++x;cout<<s;"则（ ）。

  A. 运行程序段后输出 0   B. 运行程序段后输出 1

  C. 程序段中的控制表达式是非法的 D. 程序段执行无限次

8. 以下程序段（ ）。

```
x=-1;
do{x=x*x;}while(!x);
```

　　A. 是死循环　　　　B. 循环执行两次　　　C. 循环执行一次　　　D. 有语法错误

9. 下面程序段的运行结果是（　　）。

```
int n=0;   while (n++<=2); cout<<n;
```

　　A. 2　　　　　　　　B. 3　　　　　　　　C. 4　　　　　　　　D. 有语法错误

10. 对 for(表达式 1;;表达式 3)可理解为（　　）。

　　A. for(表达式 1;0;表达式 3)

　　B. for(表达式 1;1;表达式 3)

　　C. for(表达式 1;表达式 1;表达式 3)

　　D. for(表达式 1;表达式 3;表达式 3)

二、程序改错题

1. 以下程序求输入的 10 个整数的和，请改正程序中的两个逻辑错误。

```
#include<iostream>
using namespace std;
int main()
{
    int i,sum,x;
    for(i=1;i<=10;i++)
       cin>>x;
       sum+=x;
    cout<<sum<<endl;
    return 0;
}
```

2. 以下程序求 1 到 10 的和，请改正程序中的语法错误和逻辑错误。

```
#include<iostream>
using namespace std;
int main()
{
    int i=1,sum=0;
    do{
        sum+=i;
    }while(i<=10)
    return 0;
}
```

三、编程题

1. 编程计算 $a+aa+aaa+\cdots+aaa\cdots a$（$n$ 个 a），a 的取值为 0～9，n 的取值为 0～5，a 和 n 由键盘输入。

2. 编程计算 x^y，其中 x 和 y 为正整数，并由键盘输入。

3. 某班级要选班长，已经选出 1 个候选人，现在需要全班 30 位同学对该候选人投票，可以投赞成票、反对票和弃权票，如果该候选人能得到三分之二以上（包括三分之二）的票数，则可以成功当选班长，否则不能当选。同学的投票由键盘输入，请根据同学的投票给出该候选人能否当选的信息。

4.5 本章实验

1. 实验要求

● 掌握三种循环语句的使用。
● 学会使用 continue 和 break。
● 掌握多重循环的设计。
● 理解常用算法。

2. 实验内容

（1）利用泰勒展开式求 $\cos(x)$，要求误差 $<10^{-5}$。

$$\cos(x) = 1 - \frac{x^2}{2!} + \frac{x^4}{4!} - \frac{x^6}{6!} + \cdots$$

  提示：该题需要用到迭代法，参考教材求 $\sin x$ 的算法，关键是找出前后两项之间的关系。

① 设置一个累加变量 sum，设置一个代表每一项的变量 item，以及循环变量 i。

② 设置好 i 的初值及 i 的增长速度，并以此为依据找出前后两项的关系，如表 4.2 所示。

表 4.2　前后两项关系示意

i	0	2	4	6
item	1	-x*x/2!	pow(x,4)/4!	-pow(x,6)/6!
与上一项的关系	无	=item*(-x*x)/(1*2)	=item*(-x*x)/(3*4)	=item*(-x*x)/(5*6)

结合上表，可以找出前后两项之间关系的通式：

item=item*(−x*x)/((i−1)*i);

③ 用 do-while 实现，误差控制 item>1e–5 作为循环控制条件。

（2）输出 1 到 100 以内的所有素数。

  提示：该题需要用到多重循环，外循环代表需要判断的数，从 1 到 100，内循环判断该数是否是素数，参考教材的例 4.9（判断一个数是否为素数）。

（3）输入两个整数，求它们的最小公倍数。

  提示：设 Lcd(m,n)代表两个数 m，n 的最小公倍数，gcd(m,n)代表两个数的最大公约数，有以下公式：

Lcd(m,n)=m*n/gcd(m,n)

求最大公约数参考教材例 4.15（辗转相除法求最大公约数）。

（4）小王拿了 50 元钱准备去菜场买菜，已知黄瓜 3 元 1 斤，韭菜 5 元 1 斤，西红柿 4 元 1 斤，如何买这 3 样菜（每种菜都必须买，而且要买整数斤），并且将 50 元花完，列出所有可能的买法。

🔔 提示：此题需要用到穷举法，将黄瓜、韭菜和西红柿的数量用三个循环变量 i, j, k 来表示，然后如果总价格达到 50 就输出，参见教材例 4.12（百钱买百鸡）。

（5）一位商人有一个 40 磅的砝码，由于跌落在地而碎成 4 块，后来称得每块碎片的重量都是整数，而且可以用这 4 块来称从 1 到 40 磅之间的任意整数磅的重物，问这 4 块砝码碎片各重多少？

🔔 提示：此题需要两次用到穷举法，第一次穷举是 4 个砝码的重量，分别用四个循环变量 i, j, k, l 来表示。第二次穷举是当 i+j+k+l==40 时，对重 1 磅到 40 磅共 40 种物品使用 i, j, k, l 四个秤进行组合，设置一个计数器，组合出 1 个计数器加 1，如果能组合出 40 个，就是我们要找的答案。

第5章

数组与指针

5.1 知识点结构图

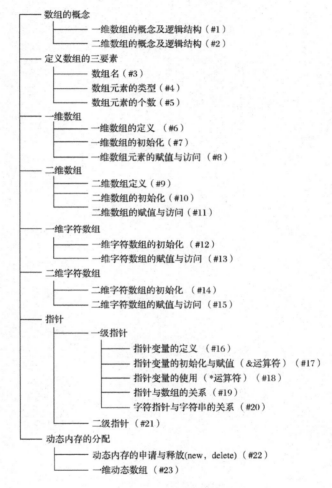

```
─── 数组的概念
        ├─── 一维数组的概念及逻辑结构（#1）
        └─── 二维数组的概念及逻辑结构（#2）
─── 定义数组的三要素
        ├─── 数组名（#3）
        ├─── 数组元素的类型（#4）
        └─── 数组元素的个数（#5）
─── 一维数组
        ├─── 一维数组的定义 （#6）
        ├─── 一维数组的初始化（#7）
        └─── 一维数组元素的赋值与访问 （#8）
─── 二维数组
        ├─── 二维数组定义（#9）
        ├─── 二维数组的初始化（#10）
        └─── 二维数组的赋值与访问（#11）
─── 一维字符数组
        ├─── 一维字符数组的初始化 （#12）
        └─── 一维字符数组的赋值与访问 （#13）
─── 二维字符数组
        ├─── 二维字符数组的初始化 （#14）
        └─── 二维字符数组的赋值与访问 （#15）
─── 指针
        ├─── 一级指针
        │       ├─── 指针变量的定义 （#16）
        │       ├─── 指针变量的初始化与赋值 （&运算符） （#17）
        │       ├─── 指针变量的使用 （*运算符） （#18）
        │       ├─── 指针与数组的关系 （#19）
        │       └─── 字符指针与字符串的关系 （#20）
        └─── 二级指针 （#21）
─── 动态内存的分配
        ├─── 动态内存的申请与释放(new，delete) （#22）
        └─── 一维动态数组 （#23）
```

5.2 知识点详解

1. 一维数组的概念及逻辑结构

在逻辑结构上，数组元素呈线性排列，只要给出一个代表线性位置的序号就可以确定一个数组元素。实际上，为一维数组分配内存空间时，每个数组元素是按其序号的升序在内存中连续分配内存单元。一维数组主要对应于数学中的向量。

2．二维数组的概念及逻辑结构

在逻辑结构上，数组元素按矩阵形式排列，只要给出两个分别代表行和列的序号就可确定一个数组元素。为二维数组分配内存空间时，首先给数组第 0 行的所有数组元素按照一维数组的概念及逻辑结构列号的升序顺序连续分配内存单元，再为第 1 行的所有数组元素连续分配内存单元，直到所有行均分配内存单元为止。二维数组主要对应于数学中的矩阵或二维表格。

3．数组名

数组名是定义数组时给数组取的一个名称，数组名是系统分配给数组的一片连续存储空间的首地址。有了这个首地址就可以计算出每个数组元素的地址，从而可以访问存储在该地址空间的数据（数组的元素）。

4．数组元素的类型

定义数组时需指定数组的类型，即数组元素的类型。因为不同类型的数据在内存中所占存储空间大小是不一样的，只有指明数组元素的类型，才能计算出整个数组所占存储空间的大小，系统才能为其分配存储空间。

5．数组元素的个数

数组是若干同类型数据的集合，定义数组时必须指定其具体包含多少个元素，这样分配存储空间时才知道必须给该数组分配多大的存储空间。

6．一维数组的定义

数据类型 数组名[*表达式*]

例如：

```
double a[10];
```

（1）数组声明的作用是在程序运行前分配内存空间。编译程序要确定分配给数组的存储空间大小，所以类型符必须已经定义，下标表达式也必须有确定值，不能为变量名，也不能为浮点型表达式。

（2）其中[]不能省略，用于说明该类型是数组类型。

7．一维数组的初始化

数组可以在声明的同时进行初始化。形式为：用{}列出常量值表，系统按下标顺序（存储顺序）对数组元素进行初始化。给定常数的个数不能超过数组定义的长度。如果给定常数的个数不足，则系统对其余元素初始化为 0。例如：

```
int score[5]={88,92,90,90,78};
double  x[5]={3.4,4.2,7};
```

初始化时可以不指明元素个数，编译器会按照初始化值的个数确定数组元素的个数，例如：

```
int  m[ ]={1,2,3,4}; //数组元素的个数是 4
```

8. 一维数组元素的赋值与访问

数值型一维数组不能整体访问，只能访问数组的各元素，数组各元素的表示格式：

数组名[下标表达式]

这与定义一维数组的格式一样，但其下标表达式的取值不一样，其范围是 0～数组元素个数−1。

例如：

```
int  a[10] ;
```

一共有 10 个元素可以用通式 a[i]表示，i 的取值范围是 0～9。

所以一维数组元素的访问需配合循环。

```
for(i=0;i<10;i++)
{ a[i]=表达式;
  cin>>a[i];
  cout<<a[i];
}
```

9. 二维数组定义

数据类型　数组名[表达式1][表达式2]

例如：

```
double a[4][5];
```

10. 二维数组的初始化

二维数组在声明的同时，进行初始化，可以有下列几种情况：

```
int a[3][4]={1,2,3,4,5,6,7,8,9,10,11,12};
int a[3][4]={{1,2},{3,4},{5,6,7}};
int a[ ][4]= {{1,2},{3,4},{5,6,7}}; //二维数组的行数为 3
```

11. 二维数组的赋值与访问

访问二维数组时各数组元素的表示：

数组名[下标表达式1][下标表达式2]

例如：

```
int  a[3][4];
```

一共有 12 个元素可以用通式 a[i][j]表示，其中 i 的取值范围是 0～2，j 的取值范围是 0～3。数值型二维数组也不能整体访问，需配合两重循环访问其各元素，例如：

```
for(i=0;i<3;i++)
    for(i=0;i<4;i++)
    a[i][j]=表达式;
    cin>>a[i][j];
    cout<< a[i][j];
```

12. 一维字符数组的初始化

在 C++中没有字符串变量，实际编程时使用一维字符数组存储字符串。例如，一个人的姓名，某地的地名。一维字符数组的初始化可以按如下格式进行：

```
（1）char  str1[5]="hust";
（2）char  str2[ ]="hust";
（3）char  str3[]={'h','u','s','t','\0'};
（4）char  str3[]={'h','u','s','t'};
```

需要注意的是：前三种情况完全等价，存储状态如图 5.1 所示，可以当作一个字符串变量整体访问。第四种情况存储状态如图 5.2 所示，不能当作一个字符串变量整体访问，只能按照一维数组的方法操作。

h	u	s	t	\0

图 5.1　前三种情况存储状态

h	u	s	t

图 5.2　第四种情况存储状态

13．一维字符数组的赋值与访问

一维字符数组的赋值与访问可以类似一维数组的方法配合循环语句操作。

但由于一维字符数组有其特殊性，连续存储的若干字符可以看作是字符串，如上图 5.1 所示，这样更符合实际需求，所以使用一维字符数组存储字符串，一维字符数组可以当作字符串变量使用数组名整体访问。

例如：char str[10];

输入可以使用语句：cin>>str; 或者 cin.getline(str,10);

输出可以使用语句：cout<<str;

对于字符数组不能使用赋值运算符"="将一个字符数组或字符串常量对另一个字符数组赋值，而必须使用函数 strcpy(字符数组名 1,字符数组名 2|字符串常量)。

两字符串大小的比较也不能直接使用运算符">"或"<"，而必须使用函数 strcmp(字符数组名 1,字符数组名 2)。

14．二维字符数组的初始化

C++中使用一维字符数组存储一个字符串，那么多个字符串的存储需要用到二维字符数组。如 5 个城市名的存储，其初始化可按如下格式进行：

```
（1）char name[5][10]={"beijing","shanghai","nanjing","wuhan",guangzhou"};
（2）char name1[ ][10]={"beijing","shanghai","nanjing","wuhan",guangzhou"};
```

上述两种情况完全等价，其存储示意图如图 5.3 所示。

b	e	i	j	i	n	g	\0		
s	h	a	n	g	h	a	i	\0	
n	a	n	j	i	n	g	\0		
w	u	h	a	n	\0				
g	u	a	n	g	z	h	o	u	\0

图 5.3　二维字符数组的存储

15．二维字符数组的赋值与访问

二维数组可以当作一维数组对待，如 char name[5][10]可以看作包含 5 个元素的一维数组，只不过每个元素又都是含有 10 个元素的一维字符数组。因为一维字符数组可以当作一个字符串变量，那么 name[5][10]可以当作 5 个字符串变量。其赋值和访问只需一重循环就可以。

```
for( i=0;i<5;i++)
{  cin>>name[i]; 或者  cin.getline(name[i],10);     //输入
   cout<<name[i] ;                                  //输出
}
```

16. 指针变量的定义

指针是一种数据类型，指针类型变量用于存储内存单元地址。

数据存储在计算机指定内存中，该存储空间对应一个地址，为了能够访问存储在该空间的数据，一定要知道该空间的地址。所以内存单元的地址很重要，也需要使用变量存储。存储这种内存地址的变量就是指针变量，简称指针。其定义格式如下：

数据类型 *指针变量

例如：

```
int b,*p=&b; //定义一个整型的指针变量p
```

*表明 p 是指针类型变量，前面的数据类型 int 不是指变量 p 的类型，而是指针变量 p 所指向的变量的类型，如下图 5.4 所示即是变量 b 的类型。可以说谁的地址赋给指针变量，指针变量就指向谁。

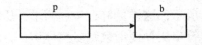

图 5.4 指针与指针所指对象的关系

17. 指针变量的初始化与赋值（&运算符）

指针类型变量用于存储内存单元地址。只能将内存地址赋给指针变量，而且该内存地址一定是已定义的某变量的地址，否则可能会破坏数据或造成系统运行错误。所以不能通过 cin 语句输入一个随机地址值给指针变量。

指针变量的初始化也是为了给指针变量赋值，只不过是在定义时就赋值。它们都是为了将一合适的地址赋给指针变量。

指针变量可以由以下几种方式得到合适的地址。

（1）指针变量=&已定义的某同类型变量，如：

```
int *p,a;  p=&a;
```

（2）指针变量=同类型数组名，如：

```
int a[5], *p=a;
```

（3）指针变量=已赋值的另一同类型指针变量，如：

```
int a, *p1=&a;  int *p2=p1;
```

（4）指针变量=0，0 是唯一一个可以赋值给指针的整数。

注意第一种情况中 "p=&a;"，p 前面不能有*，因为 p 已经定义，这里仅是给变量 p 赋值。但（2）（3）种情况的指针变量前不能少*，因为去掉*就不能说明对应变量是指针变量。

18. 指针变量的使用（*运算符）

定义了一个指针变量并且初始化或赋值后，就可以访问该指针变量，例如：

```
int *p,a;  p=&a;
cout<<p;
```

输出 p 得到的是一个地址值，地址很重要，但并不是目的，最终目的是通过这个地址访问存储在该地址的数据。这时需要使用运算符*，得到指针变量所指向的变量的值。"cout<<*p；"比"cout<<p;"更有意义。所以，定义了一个指针变量后就不可避免地要使用*运算符。

⌂ 注意："cout<<*p;"中*与"int *p;"中*的区别，前者是取值运算符，后者是指针类型。

19. 指针与数组的关系

数组名是分配给数组的一片连续存储空间的首地址，可以将数组名赋值给同类型的指针，如图 5.5 所示。

例如：

```
int a[5], *p=a;
```

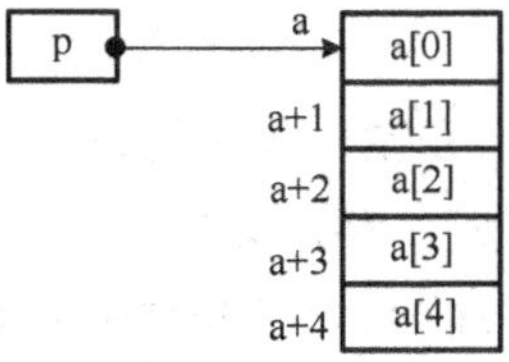

通过图 5.5 可以看出 p 与 a 的值相等，均是整个数组的首地址。则：

图 5.5　将数组名赋给同类型的指针

*p,*a ,a[0], p[0]等价，表示数组的第 0 个元素；

*(p+1), *(a+1), a[1], p[1]等价，表示数组的第 1 个元素；

……

*(p+i), *(a+i), a[i], p[i]等价，表示数组的第 i 个元素。

也只有指针与数组发生了关系，才使得 p+1，p+i 有意义。

⌂ 注意：p+1 不是真正的数值意义上的加 1，而是加 1 乘以每个数组元素所占存储空间字节数。

20. 字符指针与字符串的关系

在实际应用中，字符串的长度变化很大，对于字符串最关注的其实就是其首地址。

只要知道字符串的首地址，就可以依次读取每个字符，直至遇到'\0'为止，所以字符串一定以'\0'结尾，否则读取会出现异常。

而数组名就是申请连续存储空间的首地址，所以对字符串的访问只需要对字符数组操作即可。例如："cin>>str;"与"cout<<str;"等语句都是正确的。

在 C++中除了数组名表示内存空间地址，指针也是专门用于存储内存空间地址的变量。所以，实际上也可以用字符指针处理字符串，如以下几种情况。

```
（1）char *str="hust";
（2）char *str;str="hust";  //等效于第 1 种情况
（3）char name[10],*str2=name;cin>>str2;getline(str2,10);cout<<str2;
```

⌂ 注意："cin>>str2;"，"getline(str2,10);"，"cout<<str2;"语句中 str 前均不能有*，都是对地址操作，可以将字符指针当作字符串变量对待。

21. 二级指针

如果一个指针变量中存放的是另一个指针变量的地址，那么这个指针变量就是二级指针，如图 5.6 所示。例如：

```
int val=10, *ptr=&val;
int **pptr=&ptr;
```

如果定义二维数组 b[3][4]，则可以用图 5.7 描述。

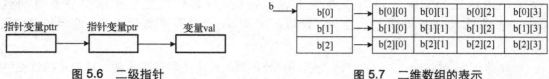

图 5.6　二级指针　　　　　　　　　　图 5.7　二维数组的表示

从图 5.7 不难看出二维数组名 b 其实是一个二级指针，所以：

（1）`int *p=b;` //错误

（2）`int **p1=b;` //错误，指针所指对象的类型不对

（3）`int (*p2)[4]=b;` //正确

（1）（2）两种情况的错误都是指针的类型与赋值运算符右边的类型不一致造成的。

*p2，*b，b[0] 等价，是第 0 行的首地址；

(p2+1)，(b+1)，b[1]等价，是第 1 行的首地址；

　……

(p2+i)，(b+i)，b[i]等价，是第 i 行的首地址。

那么：

(p2+i)+j，(b+i)+j，b[i]+j 等价，是第 i 行第 j 列元素的首地址；

((p2+i)+j)，*(*(b+i)+j)，b[i][j]等价，是第 i 行第 j 列元素。

int (*p2)[4]是数组指针的定义，由上可见数组指针相当于二级指针。

另外还有指针数组的定义如下：

`int *p[3];` //相当于定义了三个整型指针变量分别是p[0],p[1],p[2]

指针数组仍然是数组，其使用与数组相同，需配合循环语句访问数组各元素。例如：

```
for (i=0;i<3;i++)
    p[i]=b[i];
```

p[i]，b[i]相等，都指向二维数组 b 第 i 行的首地址，则访问第 i 行的第 j 列的元素可以使用 p[i][j]，b[i][j]表示。

22. 动态内存的申请与释放（new，delete）

动态内存分配可以保证程序在运行过程中按照实际需要申请合适的内存，使用结束后还可以释放，这种在程序运行过程中申请和释放存储单元的过程在自由存储区进行。

new 运算符动态分配内存，创建动态变量，格式如下：

`new 类型名（初值列表）`

例如：

`new int(10)` //给动态变量分配 4 个字节的空间，并初始化其值为 10

该动态变量无名，无法按名访问，但 new 操作能得到该存储空间的首地址，只要将该首地址保存，就能访问该动态数组。所以 new 一般会配合指针使用，形式如下：

`指针变量= new 类型名（初值列表）`

例如：

```
int *p=new int(10);  //*p 等价于该动态变量
```

指针变量 p 与动态变量的关系如图 5.8 所示。

用 new 运算符动态申请的存储空间，使用后必须用 delete 释放该空间。格式如下：

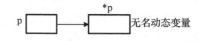

图 5.8　指针变量 p 与动态变量的关系

```
delete  指针变量
```

例如：

```
delete p;
```

🔔 注意：delete 释放的是无名动态变量所占空间，指针变量 p 所占存储空间并没有释放，这时指针没有明确指向，是悬空指针，很不安全。所以 delete 操作后应该继续执行语句。

```
指针变量=NULL;
```

例如：

```
p=NULL;
```

23．一维动态数组

在 C++中定义数组时，数组元素的个数必须是常量，而在实际处理问题时又常常会遇到数据个数事先无法确定，希望是变量的情况。利用数组处理时只能采取"大开小用"的处理方式，而动态内存的分配按实际需要分配内存，可以很好地解决这一问题。

例如：

```
int  n,new  double[n];
```

定义一个有 n 个元素的数组。但该数组没有名，无法按名访问，所以实际上动态内存的访问离不开指针。

例如：

```
double *ptr=new double[n];
```

这样 ptr 就是无名数组的首地址，可以用 ptr 代替数组名来访问数组元素，ptr[i]表示数组元素，i 的取值范围是 0～n–1。

5.3　常见问题讨论与常见错误分析

一、常见问题讨论

1．数组和变量的区别

定义数组和变量的本质都是向系统申请一定大小的内存空间。但变量只能存储一个数，而且该数可以改变，当你输入一个新数时，原来存储在该空间的数就被替换掉了。

而数组不一样，数组是申请一片连续的存储空间用于存储多个数据，相当于多个变量，具体数据的个数由定义时的数值常量决定，例如 int a[10]。其中每个数据所占的存储空间由数据类型决定，是固定的，即每个数据所占存储空间的地址是可以计算的，这也是为什么数据元素可以表示为 a[i]形式的原因。使用数组的优势不仅在于它一次定义相当于定义多个变量，更主要是因为其每个元素可以用一个通用表达式"**数组名[下标表达式]**"表示，方便构建循环语句的循环体。所以说数组一定是与循环语句如影随形的。

例如在教材的评委评分程序中，程序最终只存储了一个评委的评分，就像猴子掰棒子，掰一个丢一个。如果程序在计算出选手的最终得分之后再想查看各评委的评分是没有办法的，但利用数组则可以轻易解决。

2．数组的常见应用点

当程序中需要处理的数据量有 3 个或 3 个以上且数据类型相同时，就应该考虑使用数组解决问题。例如教材中评委打分程序，学生选课成绩，计算某日期是该年的第几天，将一个二进制数转换为十进制数，统计一个字符串中单词的个数等。

需要注意的是，对于一个字符串，我们习惯于将其当作一个数据对待，但 C++中没有字符串类型，其不是普通的数据类型。普通的数据类型只有字符变量类型，所以一个字符串只能当作是由若干字符变量组成，利用字符数组定义字符串。

3．指针和普通变量的区别

指针虽然也是一种数据类型，可以使用它定义一个**指针变量，简称指针**，但它与普通变量有本质的区别。指针变量存储的不是最终使用的数据而是地址，一般情况下，获取地址并不是最终目的，主要根据地址找到对应的存储空间，取出该空间的数据才是真正的目的。就好比一封信件寄存在某邮箱中，我们的目的是取出信件，但为了取出信件，我们首先必须知道存储该信件邮箱的地址。

例如定义了"int a, *p ;"，变量 a 是普通变量，可以直接访问"a, cin>>a; cout<<a; a+10;"等操作都是有意义的。而语句"cin>>p;"是错误的，"cout<<p ;"虽然语法上是正确的，但意义不大，更多的操作是"cout<<*p ;"。"*****"是指针变量所特有的取值运算符——取出指针变量所指存储空间的值，可以说"*****"与指针变量是如影随形的。

指针变量存储的是地址值，它的初始化和赋值与普通变量也有很大的不同。不能像"a=10;"一样把一个数值常量赋值给指针变量。指针变量的赋值只能有如下四种情形。

（1）不能给指针变量随意赋一个地址值，只能取一个已经分配了内存空间的变量的地址赋给指针变量，而且该变量的类型必须与指针的关联类型一致。

（2）也可以使用一个已赋值的指针变量去初始化另一个指针变量，也就是说，可以使多个指针指向同一个变量。

（3）数组的起始地址表示数组的名称，所以数组名是可以直接赋给同类型的指针变量的。

（4）0 是唯一一个特殊的可以赋给指针变量的整型数，表示指针不指向任何地方。

4．数组的地址与数组元素的关系

对于 int a[10]，数组 a 在内存中占据连续 4×10 个字节的存储空间，其中每个元素占 4 字节的存储空间。数组名 a 是这片连续存储空间的首地址，是一个常量，指针本质就是地址，所以数组名 a 其实是指针常量。依据指针的操作，*a 就是数组的第 0 个元素 a[0]，a+1 是数组第 1 个元素 a[1]的地址，*(a+1) 等价于 a[1]，依次类推 *(a+i)等价于 a[i]。所以说数组的地址即指针，指针与数组有着紧密的关系。

若定义：

```
int a[10], *p=a;
```

则数组元素就有多种表示形式，如 a[i], *(a+i), p[i], *(p+i)。

5．字符串与字符数组的关系

字符串的长度可以是任意的，因此给它分配存储空间时不能确定其空间大小，所以 C++ 中没有字符串变量，可以用字符数组来表示字符串变量。这时把字符数组当作字符串变量，对其整体操作，但要注意当用字符数组处理字符串时一定要保证最后一个字符是'\0'，否则字符数组不等价于字符串，不能当作字符串整体操作，如下列语句所示。

（1）char name1[4]={'h','u','s','t'};

只能用循环逐一输出每个字符，达到输出字符序列"hust"的目的。

```
for (int i=0; i<4; i++)  cout<<name1[i];
```

而不能使用语句"cout<<name1;"对其整体操作。

（2）char name2[5]={'h','u','s','t', '\0'};

可以使用语句"cout<<name2;"对其整体操作；也可以使用循环逐一输出每个字符，但前者显然简单。

（3）char name3[ ]="hust";

可以使用语句"cout<<name3;"对其整体操作；也可以使用循环逐一输出每个字符，但前者显然简单。

6．字符串与字符指针的关系

字符串必须是以'\0'结尾，所以当输入字符串时，只需提供一个有效存储空间的首地址，输入操作就能正常完成，输入结束时会自动将回车键转换为'\0'存储。例如：

```
char str[10], *sp=str;
cin>>sp; 或者 cin>>str; 或者 getline(sp,10); 或者 getline(str,10);
```

程序运行时输入 abcdefgh 回车，结果如下：

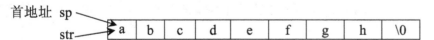

执行语句"cout<< sp;"，其功能是输出以 sp 为首地址的连续存储空间的字符直至遇到'\0'为止。执行结果是在屏幕上输出字符串"abcdefgh"。

二、常见错误分析

1．定义数组导致的语法错误

（1）现象
编译时指示定义数组语句有错，而且是多个错误指示一个位置，如图 5.9 所示。
（2）错误说明
在此处 n 虽然已赋值为 10，但它是变量，不能表示定义数组时数组元素的个数。
（3）改正
将语句"int n=10;"修改为"const int n=10;"。

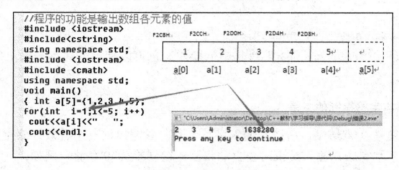

```
#include <iostream>
using namespace std;
void main()
{
    int n=10,i;
    int a[n];
    for( i=0;i<=n; i++)
    { cin>>a[i];
        cout<<a[i]<<"   ";
    }
    cout<<endl;
}
```

```
-----------------------Configuration: 错误1 - Win32 Debug-----------------------
Compiling...
错误1.cpp
c:\users\administrator\desktop\c++教材\学习指导\源代码\错误1.cpp(6) : error C2057: expected constant expression
c:\users\administrator\desktop\c++教材\学习指导\源代码\错误1.cpp(6) : error C2466: cannot allocate an array of constant size 0
c:\users\administrator\desktop\c++教材\学习指导\源代码\错误1.cpp(6) : error C2133: 'a' : unknown size
执行 c1.exe 时出错.

错误1.obj - 1 error(s), 0 warning(s)
```

图 5.9　错误现象

2．数组越界导致结果错误

（1）现象

程序编译和运行均没有报错，但结果有误，如图 5.10 所示。

图 5.10　错误现象

（2）错误说明

因为数组的 5 个元素分别是 a[0]～a[4]，程序中当 i 取值为 5 时，a[5] 已经越界，但 C++ 编译器不检查越界，a[5] 继续取了 a[4] 后面连续 4 个字节的存储空间，该空间并没有赋值，所以取了随机值 1638280。

（3）改正

将语句"for(int　i=1;i<=5; i++)"修改为"for(int　i=0;i<=4; i++)"。

3．指针未初始化、未赋值导致的运行异常

（1）现象

编译没有错误，但运行时异常，出现已停止工作的对话框，如图 5.11 所示。

（2）错误说明

错误原因均是指针既没有初始化，也没有赋地址值。图 5.11(a) 是整型指针，图 5.11(b) 是字符指针，图 5.11(c) 显示已停止工作。

（3）改正

程序一将语句"int　*p；"修改为"int a, *p=&a；"。

程序二将语句"char　*strp；"修改为"char str[10], *strp=str ；"。

```cpp
#include <iostream>
using namespace std;
void main()
{ int *p ;
*p=10;
cout<<*p<<endl;
return ;
}
```

(a) 整型指针

```cpp
#include <iostream>
using namespace std;
void main()
{ char   *strp;
cin>>strp;
cout<<strp<<endl;
return ;
}
```

(b) 字符指针

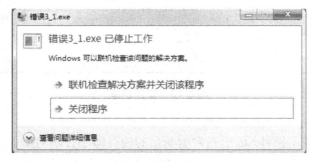

(c) 已停止工作

图 5.11　错误现象

4．使用字符数组或字符指针处理字符串时结尾处无'\0'导致的逻辑错误

（1）现象

编译和运行均没有报错，也没有出现异常，但结果有乱码，如图 5.12 所示 。

```cpp
#include <iostream>
using namespace std;
int main(  )
{
    char   rstr[10 ]="abcdefgh",dstr[10];
    int i;
    for(i=0; rstr[i]!='\0'; i++)   //循环条件可以写成 rstr1[i]!=0; 或 rstr1
    dstr[i]=rstr[i];
    cout<<"输出字符串dstr："<<dstr<<endl;
    return 0;
}
```

```
输出字符串dstr：abcdefgh烫烫abcdefgh
Press any key to continue
```

图 5.12　错误现象

（2）错误说明

因为使用语句"for(i=0; rstr[i]!='\0'; i++)   dstr[i]=rstr[i];" 将字符串 rstr 的字符依次赋值给字符串 dstr 时，'\0'并没有赋值，所以字符串 dstr 末尾没有'\0'，执行语句"cout<<"输出字符串 dstr："<<dstr<<endl;"输出时遇不到'\0'就会出现上述结果。所以说使用字符串时一定要注意必须以'\0'结尾。

（3）改正

循环体外"cout<<"输出字符串 dstr："<<dstr<<endl;"语句前添加一句代码"dstr[i]='\0';"。

5. 输出字符串时容易出现的逻辑错误

（1）现象

执行程序时，编译无错误，但屏幕上只显示"h"，而没有达到题目的要求输出"hust"，如图 5.13 所示 。

图 5.13　错误现象

（2）错误说明

错误原因是*str 表示指针 str 所指向的变量的值，即字符串的第 1 个字符。若想输出整个字符串，应使用语句"cout<<str<<endl;"。输入、输出语句中字符指针当作字符串变量操作时，代表整个字符串。

（3）改正

将语句"cout<<*str<<endl;"修改为"cout<<str<<endl;"。

6. 使用字符数组容易出现的错误

（1）现象

执行程序时，编译无错误，但屏幕上什么都没有显示，如图 5.14 所示。

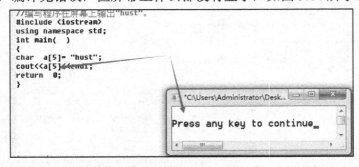

图 5.14　错误现象

（2）错误说明

错误原因是 a[5]已经越界，但由于 C++ 编译器不检查越界错误，所以没有报错。数组 a 在内存中的状态如图 5.15 所示，可以看出 a[5]是没有存储信息的，所以输出 a[5] 屏幕上没有显示。

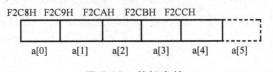

图 5.15　数组存储

需要注意的是输入、输出字符数组时，只需对字符数组名操作即可，并不能用 a[5] 表示整个数组。

（3）改正

将语句"cout<<a[5]<<endl;"修改为"cout<<a<<endl;"。

7．字符串没有结束符'\0'的错误

（1）现象

编译运行均没有错误，但结果不完全正确，如图5.16所示。

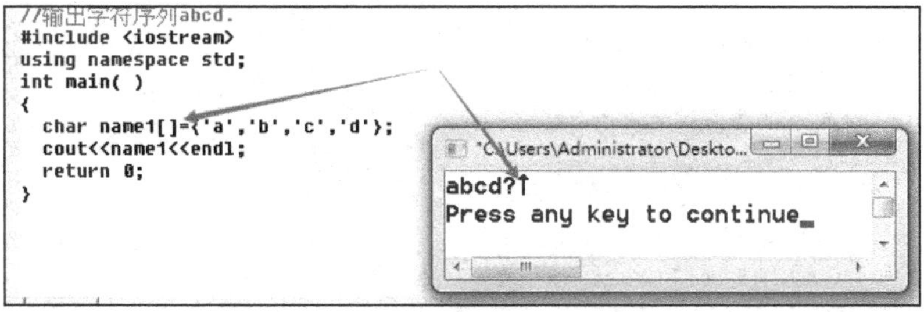

```cpp
//输出字符序列abcd.
#include <iostream>
using namespace std;
int main( )
{
    char name1[]={'a','b','c','d'};
    cout<<name1<<endl;
    return 0;
}
```

```
"C:\Users\Administrator\Deskto...
abcd?↑
Press any key to continue_
```

图5.16　错误现象

（2）错误说明

字符数组可以用来表示字符串，但它们不是完全等价的，一定要注意'\0'的问题。

语句"char name1[]={'a','b','c','d'};"定义了字符数组name1并初始化，但其最后一个字符不是'\0'，所以它不能表示字符串"abcd"，只能按照数组的访问方式逐一访问每个元素。

（3）改正

将"cout<<name1;"修改为"for(i=0;i<4; i++) cout<<a[i];"。

或者是将语句"char name1[]={'a','b','c','d'};"修改为"char name1[]={'a','b','c','d','\0'};"。

5.4　综合案例分析

1. 有 *n* 个学生参加某门课程的考试，把高于平均成绩的学生学号和成绩输出出来（假定学生的学号是8位）。

🖒 分析：

本题的主要任务是求平均值，也就是求和。对于求和问题使用第4章循环控制结构的知识应该不难解决，但本题的关键是要将求出的平均成绩（假定是avg）与每位学生的成绩再次比较，将其大者输出。这就需要使用变量分别存储每位同学的成绩，假定有50位学生，如果定义50个简单变量存储50位同学的成绩显然不现实，所以本题使用数值型数组很好地解决了学生成绩的存储问题(double　s[50])。

对于学生的信息除了成绩之外还有学号需要存储。学生的学号（如 U20151234）因为包含有字母所以只能定义为字符类型。在C++中没有字符串变量类型，为了存储一位学生的学号可以使用一维字符数组，那么50位学生的学号呢？

显然定义50个单独的字符型数组也不合适，必须有一个简单方便的方式一次性定义50个字符型数组，答案就是使用二维的字符数组 char　num[50][9]。

用二维字符数组num[50][9]存储学生的学号，那么二维数组元素num[i]表示第i个学生的学号。

用一维数值型数组 s[50] 存储学生某门课程的考试成绩，那么一维数组元素 s[i] 表示第 i 个学生该门课程的考试成绩。

程序代码如下：

```
#include <iostream>
using namespace std;
void main()
{ int i,n;
float s[50],sum=0.0,avg;
char num[50][9];
cout<<"请输入学生实际人数: ";
cin>>n;
cout<<"请输入学生学号，成绩: "<<endl;
for(i=0;i<n;i++)
 cin>>num[i]>>s[i];
  for(i=0;i<n;i++)
sum=sum+s[i];
  avg=sum/n;
cout<<"高于平均分的学生学号，成绩: "<<endl;
  for(i=0;i<n;i++)
    if(s[i]>avg)
    cout<<num[i]<<"   "<<s[i]<<endl;
}
```

程序执行结果如图 5.17 所示。

```
请输入学生实际人数: 5
请输入学生学号，成绩:
U2015112    67
U2015113    88
U2015114    78
U2015115    90
U2015116    95
高于平均分的学生学号，成绩:
U2015113    88
U2015115    90
U2015116    95
Press any key to continue
```

图 5.17   程序运行结果

💬 拓展：在阅读理解此程序的基础上，将此程序修改为按成绩升序输出学号和成绩。

💬 思考：仔细体会 s[50] 一维数组，name[50][9] 二维字符数组的使用方法。本题均使用的是一重循环。

2. 某城市 5 个商场第 2 季度销售各品牌电冰箱的情况和价格如表 5.1 和表 5.2 所示。编写程序实现升序输出各商场各品牌电冰箱的营业额。

表 5.1   电冰箱销售情况

	小天鹅	美菱	格力	西门子	TCL
苏宁电器	260	180	310	308	245
工贸家电	180	168	307	278	196
国美家电	280	211	280	260	290
销品茂	210	223	190	220	285
世贸大厦	230	260	189	198	278

表 5.2　不同品牌电冰箱的价格

品牌	价格
小天鹅	3300
美菱	3500
格力	3800
西门子	4100
TCL	3680

🔔 分析：

（1）数据存储

表 5.1 中的数值数据可用二维数组（double sale_mount[5][5]）存储，其行标题和列标题分别用二维字符数组（char sale_store[5][9]，pinpai[5][7]）存储；表 5.2 中数值数据用一维数组（double pinpai_price[5]）存储。另外还需定义一个二维数组（double sale_money[5][5]）存储各品牌电冰箱在各商场的销售额（数量×单价）。

（2）计算各品牌电冰箱的销售额。

（3）对各商场不同品牌的电冰箱的销售额升序排列。

对二维数组 sale_money[5][5]的每一行单独升序排列，同时调整 pinpai[5][7]次序。

由于 sale_money[5][5]每一行排序时，都会引起 pinpai[5][7]次序的改变，所以 pinpai[5][7]排序前必须将其备份。

（4）输出排序结果。

程序代码如下：

```
#include <iostream>
#include <iomanip>
#include<cstring>
using namespace std;
void main()
{ int i,j,k,m,n;
 double temp;
 char str_temp[7];
double sale_mount[5][5]={{260,180,310,308,245},{180,168,307,278,
196} , {280,211,280,260,290},{210,223,190,220,285},{230,260,189,198,278}};
double sale_money[5][5];
char pinpai_1[5][7],pinpai[5][7]={"小天鹅","美菱","格力","西门子","TCL"};
char sale_store[5][9]={"苏宁电器","工贸家电","国美家电","销品茂","世贸大厦"};
double pinpai_price[5]={3300,3500,3800,4100,3680};
cout<<"各商场各品牌的销售额: "<<endl;
cout<<setw(10)<<"  ";
for(i=0;i<5;i++)
cout<<setw(10)<<pinpai[i];
cout<<endl;
  for(i=0;i<5;i++)
  { cout<<setw(10)<<sale_store[i];
  for(j=0;j<5;j++)
  {sale_money[i][j]=sale_mount[i][j]*pinpai_price[j];
```

```
//计算各品牌电冰箱在各商场的销售额
cout<< setw(10)<<setprecision(8)<<sale_money[i][ j];
 }
cout<<endl;
}
//排序
cout<<"排序后各商场各品牌的销售额: "<<endl;
for(i=0;i<5;i++)
{
    for(m=0;m<5;m++)
    strcpy(pinpai_1[m],pinpai[m]);
    for(k=0;k<5;k++)
    for(j=0;j<4-k;j++)
    if(sale_money[i][j]>sale_money[i][j+1])
    {   temp=sale_money[i][j];
        sale_money[i][j]=sale_money[i][j+1];
        sale_money[i][j+1]=temp;
        strcpy(str_temp,pinpai_1[j]);
        strcpy(pinpai_1[j],pinpai_1[j+1]);
        strcpy(pinpai_1[j+1],str_temp);
    }
    cout<<setw(10)<<"  ";
    for(m=0;m<5;m++)
    cout<<setw(10)<<pinpai_1[m];
    cout<<endl;
    cout<<setw(10)<<sale_store[i];
    for(j=0;j<5; j++)
    cout<<setw(10)<<setprecision(8)<<sale_money[i][j];
    cout<<endl;
    }
    }
```

程序运行结果如图 5.18 所示。

各商场各品牌的销售额:					
	小天鹅	美菱	格力	西门子	TCL
苏宁电器	858000	630000	1178000	1262800	901600
工贸家电	594000	588000	1166600	1139800	721280
国美家电	924000	738500	1064000	1066000	1067200
销品茂	693000	780500	722000	902000	1048800
世贸大厦	759000	910000	718200	811800	1023040
排序后各商场各品牌的销售额:					
	美菱	小天鹅	TCL	格力	西门子
苏宁电器	630000	858000	901600	1178000	1262800
	美菱	小天鹅	西门子	格力	
工贸家电	588000	594000	721280	1139800	1166600
	美菱	小天鹅	格力	西门子	TCL
国美家电	738500	924000	1064000	1066000	1067200
	小天鹅	格力	美菱	西门子	
销品茂	693000	722000	780500	902000	1048800
	格力	小天鹅	西门子	美菱	TCL
世贸大厦	718200	759000	811800	910000	1023040
Press any key to continue					

图 5.18　程序运行结果

🔔 思考：为什么不直接对 pinpai[5][7] 排序，而是对 pinpai1[5][7] 排序。

3．计算 n!

🔔 分析：求 n!，当 n>24 时，由于计算机字长有限，不能直接计算，此时可采用数组的方法来实现。每个数组元素存放一位数字，假如用 100 个元素的数组来存储，则计算精度可达到 100 位。用这种方法可以很容易地计算出 n>24 的阶乘值。

程序代码如下：

```cpp
#include <iostream>
using namespace std;
int main()
{ const  int MAXSIZE=100;
  int array[MAXSIZE];
  int n,i,j;
  int sum,sc;
  cout<<"输入 n=";
    cin>>n;
for(i=0;i<MAXSIZE;i++)
  array[i]=0;
array[0]=1;
for(i=2;i<=n;i++)
{
sc=0;
for(j=0;j<MAXSIZE;j++)
  {
    sum=array[j]*i+sc;   //将每位上的数值与当前被累乘的数相乘，同时加上上一次的进位
    sc=sum/10;           //存放进位数值
    array[j]=sum%10;     //将余数存入对应的数组元素

  }
}
cout<<n<<"!=";
for(i=MAXSIZE-1;i>=0;i--)
  if( array[i]!=0)
     break;
for(j=i;j>=0;j--)
cout<<array[j];
cout<<endl;
return 0;
}
```

🔔 拓展：内循环的条件是 j<MAXSIZE，即每次都循环 100 次，请改变循环条件提高效率。

5.5 补 充 习 题

一、单选题

1．定义整型数组 x，使之包括初值为 0 的三个元素，下列语句中错误的是（   ）。

  A．int x[3]={0,0,0};　　　　　　　　　B．int x[]={0};

C. static int x[3]={0}; D. int x[]={0,0,0};

2. 有如下程序段

```
int  i=0, j=1;
int &r=i ;        //①
 r=j;             //②
int*p=&i ;        //③
*p=&r ;           //④
```

其中会产生编译错误的语句是（   ）。

A. ④ B. ③ C. ② D. ①

3. #include<iostream>

```
    using namespace std;
    int main()
{
    char str[100],*p;
    cout<<"please input a string:";
    cin>>str;p=str;
    for(int i=0;*p!='\0';p++,i++);
    cout<< i <<endl;
    return 0;
    }
```

运行这个程序时，若输入字符串为 abcdefg abcd，则输出结果是（   ）。

A. 7 B. 12 C. 13 D. 100

4. 若有语句 "int *p=&k;"，与这个语句等效的语句序列是（   ）。

A. int*p;p=&k ; B. int*p;p=k;

C. int*p;*p=&k ; D. int*p;*p=k;

5. 下列语句中错误的是（   ）。

A. int a[5]={1,2,3,4,5}; B. int a[]={1,2,3,4,5};

C. char str[]="point"; D. char str[5]="point";

6. 已知数组 arr 的定义如下：

```
int arr[5]={1,2,3,4,5};
```

下列语句中输出结果不是 2 的是（   ）。

A. cout << *arr+1 <<endl; B. cout << *(arr+1)<<endl;

C. cout << arr[1] <<endl; D. cout << *arr <<endl;

7. 设有数组定义 "char array [] ="China";"，则数组 array 所占的空间为（   ）。

A. 4 个字节 B. 5 个字节 C. 6 个字节 D. 7 个字节

8. 假定一个二维数组的定义语句为 "int a[3][4]={{3,4},{2,8,6}};"，则元素 a[2][1]的值为（   ）。

A. 0 B. 4 C. 8 D. 6

9. 已知 "char *a[]={"fortran","basic","java","c++"};"，则 "cout<<a[2];" 的显示结果是（   ）。

A. t　　　　　　　　B. 一个地址　　　C. java　　　　　　D. javac++

10. 设有 "char *s1="ABCDE", *S2="ABCDE", *S3=S1;"，下列表达式中值不等于 true 的是（　　）。

A. &s1==&s2　　　B. s1==s3　　　C. s2==s3　　　D. strcmp(s1,s3)==0

11. 设 "char *s1,*s2;" 分别指向两个字符串，可以判断字符串 s1 和 s2 是否相等的表达式是（　　）。

A. s1=s2　　　　B. s1==s2　　　C. strcpy(s1,s2)==0　　D. strcmp(s1,s2)==0

12. 设 "char *s1,*s2;" 分别指向两个字符串，可以判断字符串 s1 是否大于 s2 的表达式是（　　）。

A. s1>s2　　　　B. strcmp(s1,s2)>0　　C. strcmp(s2,s1)>0　　D. strcmp(s1,s2)==0

二、阅读下列程序，写出各程序的执行结果

```cpp
1. #include <iostream>
using namespace std;
int main()
{
    char a[] = "Hello, World";
    char *ptr = a;
    while (*ptr)
    {
        if (*ptr >= 'a' && *ptr <= 'z')
            cout << char(*ptr + 'A' -'a');
        else cout << *ptr;
        ptr++;
    }
    return 0;
}
```

```cpp
2. #include<iostream>
using namespace std;
int main()
{   char *str="abcd\0efgh";
    cout<<str<<endl;
    return 0;
}
```

```cpp
3. #include <iostream>
using namespace std;
void main()
{   int line[3][3]={{1,2,3},{4,5,6},{7,8,9}};
    int i,j;
    int *p_line[3];
    for(i=0;i<3;i++)
    p_line[i]=line[i];
    cout<<"Matrixtest:"<<endl;
    for(i=0;i<3;i++)
    {for(j=0;j<=i;j++)
    cout<<p_line[i][j]<<" ";
```

```
          cout<<endl;}
     }
4. #include <iostream>
   using namespace std;
   void main()
   {
       char s[100]={"Our teacher teach C language!"};
       int i,j;
       for(i=0, j=0;s[i]!='\0';i++)
       if(s[i]!= ' ') {s[j]=s[i];j++;}
       s[j]='\0';
       cout<<s<<endl;
   }
5. #include <iostream>
   using namespace std;
   int main()
   {int y=25,i=0,j,a[8];
    do
    { a[i]=y%2;i++;
        y=y/2;
    }
    while(y>=1);
    for(j=i-1;j>=0;j--)
      cout<<a[j];
    cout<<endl;
    return 0;
    }
6. #include <iostream>
   using namespace std;
   int main()
   {int i,k,a[10],p[3];
    k=5;
    for (i=0;i<10;i++)  a[i]=i;
    for (i=0;i<3;i++)  p[i]=a[i*(i+1)];
    for (i=0;i<3;i++)  k+=p[i]*2;
    cout<<k;
    return 0;
    }
```

三、程序改错题

1. 阅读如下程序，并改错。

```
#include <iostream>
using namespace std;
int main()
{ int m,a[m];
   a[0]=1;
   cout<<a[0];
```

```
      return 0;
    }
```

2. 定义一个包含 5 个元素的数组，并输入、输出各元素的值。阅读程序，并改错。

```
#include <iostream>
using namespace std;
int main()
{ int a[5];
  cin>>a;
  cout<<a[5];
  return 0;
}
```

3. 阅读如下程序并改错。

```
#include <iostream>
using namespace std;
int main()
{ char c[10]="I am a student";
  cout<<c;
return 0;
}
```

4. 输入 China 回车，要求输出 China。阅读程序，并改错。

```
#include <iostream>
using namespace std;
int main()
{ char a[5],*p;
  int i;
  *p=a;
  for(i=0;i<5;i++)
    cin>>*(p+i);
  cout<<p;
  return 0;
}
```

四、编程题

1. 编程输出 10 行的杨辉三角形。（使用二维数组并利用每个系数等于其上两系数之和。）

2. 将一个字符串插入另一个字符串的指定位置。

3. 现有 10 个学生，期终考试有 5 门课程。求每个学生总成绩、平均成绩，并按总成绩高分到低分输出。

4. 把有序的两个数组 a 和 b 合并，要求合并后的数组依然有序。

　分析：两个数组合并时，可为每个数组安排一个指针，从第一个元素开始比较两个数组中对应的元素，将小的取出，顺序放入新的数组中；取出所指元素的指针，后移再比较，依次类推，直到其中一个数组的元素已全部放入新数组中，再把另一数组余下的元素全部顺序放入新数组中即可。

5．编写程序从仓库中找出一根钢管。要求该钢管是仓库中最长的，且一定是最长的钢管中最细的同时是符合前两条要求的钢管中编码最大的钢管的编号（每根钢管都有一个互不相同的编码，越大表示生产日期越近）。例如，输入数据如表 5.3 所示，则输出 2。

表 5.3　输入钢管数据

编号	长度	直径	编码
1	3000	50	872198442
2	3000	45	752498124
3	2000	60	765128742
4	3000	45	652278122

6．小华的寒假作业上，有这样一个趣味填空题：给出用等号连接的两个整数，如"1234=127"，当然，现在这个等号是不成立的，题目让你在左边的整数中间某个位置插入一个加号，看有没有可能让等号成立。以此式子为例，如果写成 123+4=127，这样就成立了。请你编写一个程序来实现它。

5.6　本章实验

1．实验目的

● 掌握一维数组的定义、输入、输出和基本操作。
● 掌握二维数组的定义、输入、输出和基本操作。
● 培养将生活中事物性问题转换成程序设计问题的能力。
● 掌握字符变量的计算和字符串的存储和访问。

2．实验内容

（1）定义包含 10 个元素的一维数组，输入、输出各元素的值，并求出最大值和最小值及其下标。

（2）编写一个程序，定义 5 行 4 列二维数组，并对前 4 行 4 列的元素赋值，计算二维数组前 4 行各列之和，且将每列之和放于各列最后一行的位置，然后输出该二维数组（按行列的格式输出）。

（3）现有 5 个小朋友编号为 1，2，3，4，5，他们按自己的编号顺序围坐在一张圆桌旁，身上都有若干个糖果，现在做一个分糖果游戏。从 1 号小朋友开始，将他的糖果均分三份（如果有多余的，则将多余的糖果吃掉），自己留一份，其余两份分给相邻的两个小朋友。接着 2 号、3 号、4 号、5 号小朋友也这如果做。问一轮后，每个小朋友手上分别有多少糖果。

　🔔 提示：
① 5 个小朋友的糖果代表有 5 个数需要存储，如何解决数据的存储。
② 考虑 1 个小朋友手头糖果的处理。
③ 再考虑 5 个小朋友如何处理。

（4）凯撒加密算法是古罗马凯撒大帝用来保护重要军情的加密系统。它是一种替代密码，通过字母按顺序推后 3 位起到加密作用，如将字母 A 换作字母 D，将字母 B 换作字母 E。

明码字母表：A B C D E F G H I J K L M N O P Q R S T U V W X Y Z
密码字母表：D E F G H I J K L M N O P Q R S T U V W X Y Z A B C

例如明文：HEXUN。密文：KHAXQ。加密密钥：3。解密密钥：3。

🔔 提示：

① 明文、密文的存储。

② 对明文的处理。

③ 密文的输出。

（5）定义 1 个一维数组并初始化，然后将数组中的数循环左移 n 位，例如，如果数组中原来的数为：1，2，3，4，5，移动 1 位后变成：2，3，4，5，1，移动 2 位后变成：3，4，5，1，2。

（6）从键盘输入 2 个字符串，判断其中较短的串是否是另一个串的子字符串。

第6章

函 数

6.1 知识点结构图

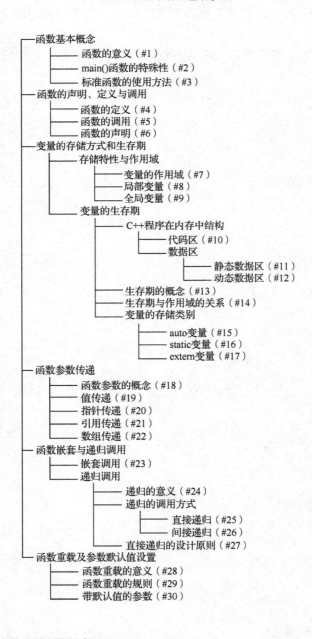

6.2 知识点详解

1. 函数的意义

函数是一段有名称且具有一定功能的独立代码段。函数的主要属性包括函数的返回值类型、函数名、函数参数。

函数可以把相对独立的某个功能抽象出来，使之成为程序中的一个独立实体。可以在同一个程序或其他程序中多次重复使用。

2. main()函数的特殊性

main()函数称之为主函数，一个 C++程序总是从 main()函数开始执行的，并结束于 main()函数。通常 main()函数的返回值类型为 int 类型，程序最后的语句为"return 0;"0 是 main()函数返回给操作系统的值，表示程序正常退出。也可以将 main()函数的返回值类型取 void 类型，则必须省略 return 语句。

3. 标准函数的使用方法

标准库函数由 C++系统提供，用户无须定义，也不必在程序中作函数声明，只需在调用函数前包含有该函数原型的头文件，即可在程序中直接调用。

🔔 使用库函数，需要注意：
① 函数实现什么功能；
② 函数参数的数目、顺序及各参数意义和类型；
③ 函数返回值意义和类型；
④ 需要包含的头文件。

4. 函数的定义

函数定义由**函数头部**和**函数体**构成。

函数头部：包括函数返回值类型、函数名称、参数等。

函数体：实现函数功能的若干语句。

（1）定义格式

```
返回值类型　函数名 (数据类型　参数 1，数据类型　参数 2,…)
{
    …
}
```

函数定义格式中的参数 1、参数 2 称为形式参数，简称形参。

🔔 注意：
① 形参需用类似变量定义的格式说明，指定其数据类型；
② 若有多个形参，不管类型是否相同，都要分别用数据类型来定义；
③ 形参在函数调用前不占内存，函数调用时为形参分配内存，调用结束，内存释放；
④ 函数可以没有形参，但"()"不能省略。

（2）返回语句

返回语句 return 有两个重要用途。第一是立即中止函数的执行，即退出函数，使程序返回到调用语句处继续进行。第二是可以用来回送一个数值。

🔔 注意：

① return 语句在一个函数中可以有多个，但是程序执行遇到第一个 return 语句的时候就将结束本函数，回到主调函数，多个 return 最终只能有一个被执行；

② 若无 return 语句，程序遇到最后的 "}" 时，自动返回主调函数；

③ return 的返回值可以是变量、常量、表达式；

④ 若函数返回值类型与 return 后的类型不一致，则系统将 return 后的数据计算后自动转换成函数返回值类型再返回；

⑤ 对于无返回值的函数，函数返回值的类型应定义为 void。

5. 函数的调用

（1）调用格式

```
函数名(参数1,参数2,…)          //有参数的情况
函数名()                        //无参数的情况
```

函数调用时的参数称为实际参数，简称实参。

🔔 说明：

① 实参可以是常量、变量或表达式，均需要有确定的值；

② 实参与形参类型、顺序和个数要一致；

③ 有多个实参，各参数之间用逗号隔开。

（2）函数调用发生的时候，要考虑函数定义的位置

如果主调函数在前，被调函数在后，要求在主调函数前或内部对被调函数进行声明，否则函数调用无法执行。

如果在程序中使用了库函数，要对该库函数做相应的#include 声明处理。

（3）调用方式

函数语句：把函数调用作为一个语句，格式如下：

```
函数名(参数1,参数2,…);
```

函数表达式：函数调用出现在一个表达式中，这种情况要求函数必须有返回值。

函数参数：函数调用作为一个函数的实参，这种情况也需要函数有返回值。

6. 函数的声明

函数声明的意义：告诉编译系统函数类型、参数个数及类型，以便检验语法正确性。

自定义函数的声明：使用函数原型声明方式，即将函数的头部完全复制加上分号，构成函数声明语句放在程序的开始处。

声明格式：

```
返回值类型   函数名(数据类型 形参1, 数据类型 形参2,…);
```

其中形参名可以在函数声明处省略。

不需要对函数进行声明的情况：

① main()不需要声明；

② 被调函数写在主调函数之前，不需要声明。

7. 变量的作用域

变量可以使用的范围称为变量的作用域，在变量作用域内引用变量，称变量在此作用域内"可见"。变量的作用域是一个空间概念，由定义变量语句的位置决定。

8. 局部变量

根据变量定义语句的位置，变量分为局部变量和全局变量。函数内定义的变量为局部变量，其作用域从定义的位置开始到所在块结束。

9. 全局变量

所有函数外定义的变量称为全局变量，其作用域从定义位置开始，直到程序结束。

10. 代码区

内存存储 C++程序主要分为数据区和代码区，如图 6.1 所示。

代码区用于存放程序的代码部分。

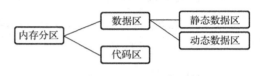

图 6.1　内存分区示意图

11. 静态数据区

全局变量与静态变量均存储在静态数据区内。**静态数据区存储的变量的特点是，当未对指定变量赋初始值时，系统会自动将其初始化为 0 值。**

12. 动态数据区

动态数据区（也称为栈区），未声明为静态的局部变量、函数形式参数、函数调用的返回地址等均分配在动态数据区，**分配在动态数据区的数据如果没有给出初始值，其值为随机值。**

13. 生存期的概念

C++程序中的每个变量都要经历分配存储空间，存储该变量的值，使用该变量，最后完成操作释放所分配的存储空间的过程。变量从分配存储空间到最后释放存储空间的过程称为变量的生存期。

14. 生存期与作用域的关系

作用域是指可以存取变量的代码范围，生存期是指可以存取变量的时间范围。变量的作用域不一定等于生存期。一个变量只有既在其生存期内又在其作用域内才能访问。

15. auto 变量

在函数内部定义的变量称为自动变量，也称为局部变量，其生命期均为局部的，即在函数内部可见，作用域为函数内部，通常 auto 可省略。程序中使用的变量大部分是 auto 类型变量，其生存期与作用域是一致的。

16. static 变量

包括静态局部变量与静态全局变量。静态局部变量在函数内定义，其作用域与局部变量类似，但生命期同全局变量，程序结束其生命期才结束；全局变量均是静态外部变量，其生存期与作用域是一致的。

17. extern 变量

全局变量的作用域从定义的位置开始到本源文件结束，但可以使用 extern 声明变量用于扩展全局变量的作用域。

外部变量的说明：

```
extern 数据类型 变量表
```

需注意 extern 与变量的定义是有区别的，extern 仅用于将已定义的变量的作用域进行扩展。

18. 函数参数的概念

函数是各自独立的，各个函数只有在函数调用时通过参数传递实现数据共享，当函数调用时，形参获取实参的值。

19. 值传递

形参是普通变量时，称为值传递，值传递时，形参与实参占用不同的内存单元，形参是实参的复制，改变形参的值并不会影响外部实参的值。从被调用函数的角度来说，值传递是单向的（实参→形参），参数的值只能传入，不能传出。当函数内部需要修改参数，并且不希望这个改变影响调用者时，采用值传递。

20. 指针传递

形参是指针变量时称为指针传递，形参变量接受的是实参变量的地址，因此可以通过指针的*运算修改其实参的值。对比值传递，指针传递可以通过形参间接修改实参的值。指针传递的另外一种用法是：当一个函数需要返回多个值时，利用指针传递，通过形参间接修改实参，达到返回多个值的效果。

21. 引用传递

形参是引用变量时称为引用传递，引用传递时实参与形参共同指向同一个地址空间，即形参变量不再分配空间，在函数中修改形参变量实际上是修改了相应的实参变量。

22. 数组传递

形参是数组，实参是数组名的情况。可以通过数组名传递实现大量的数据"传递"，当形参定义为数组时，形参数组不再另行分配空间，形参数组与实参数组占用相同的地址空间，因此，可以通过形参数组直接操作实参数组。

23. 嵌套调用

函数嵌套调用指允许在一个被调函数中再调用另外一个函数，如图 6.2 所示。

嵌套调用是 C++语言提供的程序设计的方法，也是其语言的特性。

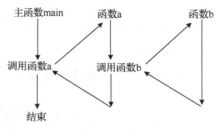

图 6.2　嵌套调用

24．递归的意义

递归是一种解决方案，一种思想，将一个规模很大的工作分为规模逐渐减小的小工作，比如说计算 $n!$，首先考虑计算 $(n-1)!$，可解决 $n!$，然而计算 $(n-1)!$ 的过程可通过考虑 $(n-2)!$ 得出，以此类推，最终分解到考虑 $1!$。递归调用是指通过函数调用自身，将问题转化为本质相同但规模较小的子问题的方法。

25．直接递归

如果一个递归函数在函数体内直接调用自身，称为直接递归。

26．间接递归

如果一个递归函数在函数体内并不直接调用自身，而是通过一个或几个其他函数间接调用自身，称为间接递归。

27．直接递归的设计原则

首先待解决的问题可以用递归算法描述，此外递归调用函数体内需有判断结束递归的条件。

28．函数重载的意义

同一个函数名对应有多个不同的函数实现，以提高程序的可读性。

29．函数重载的规则

分为参数类型不同的重载与参数个数不同的重载。

编译系统根据提供的实参与多个同名不同实现的函数提供的形参相匹配，找到类型、个数和顺序相容的函数执行，否则提示出错。

注意：
① 不要将用途不相关的函数进行重载；
② 函数的返回类型不能作为重载的依据；
③ 要避免函数重载和参数的默认值重叠导致的二义性。

30．带默认值的参数

（1）格式：直接给出形参的默认值。

```
返回值类型　函数名 (数据类型 参数 1=值，数据类型 参数 2=值，…)
{
    …
}
```

（2）调用

在调用有默认参数的函数时，若给出了全部实参，默认形参值不起作用，否则以给出的默认值作为对应实参的值。

注意：

① 当函数有声明与定义两个部分时，默认值如在函数声明处给出，函数定义中不可以再进行默认值的说明；

② 有默认值的参数必须放在没有默认值的参数后面。

6.3 常见问题讨论与常见错误分析

一、常见问题讨论

1. 函数定义与函数声明的差别及函数只声明不定义的后果

函数的声明与函数的定义在形式上十分相似，但是二者有着本质上的不同。声明是不开辟内存的，仅仅告诉编译器，要声明的部分存在，要预留一点空间。定义则需要开辟内存。

函数在程序中就相当于具备某些功能的一段相对独立的、可以被调用的代码。函数的定义是用具体的代码实现函数应完成的功能。在程序中，函数的定义只能有一次，且有规定的格式：由函数头部和函数体构成。C++不允许一个函数定义在另一个函数体内。

当函数定义写在函数调用之后，就需要对函数进行声明，否则系统无法正确判断被调用函数的返回值的类型及参数类型和个数是否匹配。因此，函数的声明是向编译系统报告函数名、函数的返回值类型、参数类型及个数。函数声明由函数返回类型、函数名和形参列表组成。形参列表必须包括形参类型，但是可以省略形参名。这三个元素被称为函数原型，函数原型描述了函数的接口信息。函数声明不包含函数体。

函数只声明不定义，当程序运行时，会因为找不到函数的实体而出现错误。

2. 函数定义需要设计几个主要地方

函数的定义决定了函数声明和函数调用的格式，给出函数的定义时，要确定函数的输入、输出及处理的实现方式，具体体现如下。

（1）函数的输入：指函数的形参，即函数需要对哪些数据进行处理，这些数据大都要作为函数的形参参与计算。

（2）函数的输出：指函数的返回值，即用 return 语句返回的结果。

（3）函数的处理：指函数所实现的功能，即通过某种算法实现处理问题的流程。

3. 如何根据问题描述定义正确的函数的形式参数

函数形参的定义形式决定了函数调用时的不同参数传递方式。

当形参只需要获取实参的副本参与函数的处理，不需要据此修改实参的值，这时形参可用基本类型的变量表示，此种情况称为值传递。

当需要将大批量的数据传递到函数体内进行处理，选择数组作为形参，形参数组不再另行分配内存空间，形参数组与实参数组共同拥有相同的内存空间，可直接通过形参数组操作实参数组，此种情况称为数组传递。

当需要通过形参修改实际参数的值或者函数需要返回多个结果时，形参声明为指针或引用变量，此种情况称为指针传递或引用传递。

4．如何判断函数的参数传递的类型

根据形参的类型决定参数传递的类型。

（1）形参为基本类型的变量，例如：

```
void fun(int x,int y);        //值传递
```

函数调用时，形参变量 x、y 分配相应的空间并获取实参的拷贝。

（2）形参为指针变量，例如：

```
void fun(int *x,int *y);      //指针传递
```

函数调用时，形参指针变量 x、y 分配相应的空间并获取实参的拷贝，但此时实参是一个变量的地址，因此可以通过形参指针变量间接访问实参所指变量。

（3）形参为引用变量或数组，例如：

```
void fun(int &x,int &y)       //引用传递
```

函数调用时，形参变量 x、y 不再另行分配地址空间，形参变量与实参变量占用相同的地址空间，因此对形参变量的操作实际上是对实参变量的操作。

5．如何依据函数形式参数的形式给出正确的实参形式

（1）形参为基本类型的变量：实参也应为相同的基本类型变量或者常量。

（2）形参为指针类型的变量：实参可以为同类型的指针变量、同类型的数组名或者同类型的变量的地址。

（3）形参为引用变量：实参为同类型的基本变量。

（4）形参为数组：实参为同类型的数组的数组名。

二、常见错误分析

1．函数调用语句中实参的格式错误

（1）现象

在编辑程序时，函数调用语句中实参格式错误的现象如图 6.3 所示。

图 6.3　错误现象

（2）错误说明

函数调用语句实参应为表达式，不能出现数据类型。

（3）改正

正确的调用语句应为：

```
y=sum(x,y);
```

2．函数声明与函数定义不匹配

（1）现象

在编辑程序时，函数声明与函数定义不匹配的现象如图 6.4 所示。

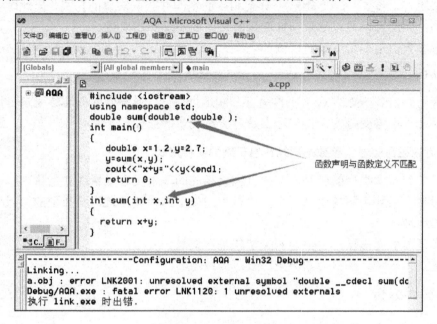

图 6.4　错误现象

（2）错误说明

函数声明与函数定义中函数的返回值与形参类型和个数应一致。

（3）改正

正确的定义格式应为：

```
double sum(double x ,double y )
{
    return x+y;
}
```

3．形参与实参类型不匹配

（1）现象

在编辑程序时，形参与实参类型不匹配的错误现象如图 6.5 所示。

（2）错误说明

形参是指针变量，实参必须是地址的表示形式。指针变量只能接受某个变量的地址。

```
#include <iostream>
using namespace std;
void funSwap(int *p,int *q)
{
    int t;
    t=p;          赋值号两边类型不兼容
    p=q;
    q=t;
}
int main()
{
    int x,y;                          实参和形参类型不一致
    cin>>x>>y;
    cout<<"before x="<<x<<" y="<<y<<endl;
    funSwap(x,y);
    cout<<"after x="<<x<<" y="<<y<<endl;
    return 0;
}
```

```
Figuration: errhb1 - Win32 Debug--------------------

b1\a.cpp(6) : error C2440: '=' : cannot convert from 'int *' to 'int'
 requires a reinterpret_cast, a C-style cast or function-style cast
b1\a.cpp(8) : error C2440: '=' : cannot convert from 'int' to 'int *'
 integral type to pointer type requires reinterpret_cast, C-style cast or function-style cast
b1\a.cpp(15) : error C2664: 'funSwap' : cannot convert parameter 1 from 'int' to 'int *'
 integral type to pointer type requires reinterpret_cast, C-style cast or function-style cast
```

图 6.5　错误现象

（3）改正

正确的程序代码为：

```
#include <iostream>
using namespace std;
void funSwap(int *p,int *q)
{
    int t;
    t=*p;
    *p=*q;
    *q=t;
}
int main()
{
    int x,y;
    cin>>x>>y;
    cout<<"before x="<<x<<" y="<<y<<endl;
    funSwap(&x,&y);
    cout<<"after x="<<x<<" y="<<y<<endl;
    return 0;
}
```

4．数组名作为参数传递的问题

（1）现象

在编辑程序时，数组名作为参数传递的错误现象如图 6.6 所示。

（2）错误说明

形参是数组，实参须为同类型、同维数的数组名。

（3）改正

正确的程序代码为：

```
cout<<"数组元素之和="<<funSum(a,10)<<endl;
```

```
#include<iostream>
using namespace std;
int funSum(int a[],int n)
{
    int i,s=0;
    for(i=0;i<n;i++)
        s+=a[i];
    return s;
}
int main()
{
    int i,a[10];
    for(i=0;i<10;i++)
        cin>>a[i];
    cout<<"数组元素之和="<<funSum(a[10],10)<<endl;
    return 0;
}
```
实参应该为数组名a

iguration: errhxt7 - Win32 Debug------------------

t7\a.cpp(15) : error C2664: 'funSum' : cannot convert parameter 1 from 'int' to 'int []'

图 6.6　错误现象

5. 函数定义写在调用语句后，且函数调用前无函数声明

（1）现象

在编辑程序时，函数定义写在调用语句后，且函数调用前无函数声明的错误现象如图 6.7 所示。

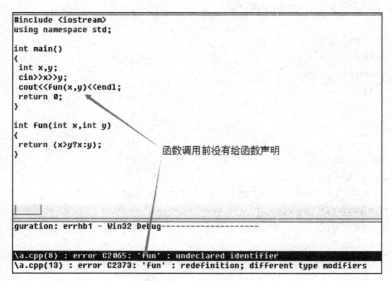

```
#include <iostream>
using namespace std;

int main()
{
 int x,y;
 cin>>x>>y;
 cout<<fun(x,y)<<endl;
 return 0;
}

int fun(int x,int y)
{
 return (x>y?x:y);
}
```
函数调用前没有给函数声明

guration: errhb1 - Win32 Debug--------------------

\a.cpp(8) : error C2065: 'fun' : undeclared identifier
\a.cpp(13) : error C2373: 'fun' : redefinition; different type modifiers

图 6.7　错误现象

（2）错误说明

函数调用前既无该函数的定义也没有该函数的声明，编译时系统认为此函数名为未定义的标识符。

（3）改正

在调用语句前增加其函数的声明语句：

```
int fun(int,int);
```

6.4 综合案例分析

1. 在超市管理系统中，商品的库存管理是其中的重要模块。用函数设计子程序，用于存储当前超市中的商品信息（包括商品名称、商品价格及库存数量），并显示出来。

🔔 分析：

（1）确定库存商品类别数（假设不超过100），依次输入各类商品的商品名称，商品单价和库存数量。在程序中，确定商品的类别数、输入商品信息、界面化显示商品信息的功能均通过自定义函数完成。解决该问题实际上是一个函数定义及调用问题。

（2）已知库存商品有三个属性：商品名称、商品单价、库存数量。

（3）输入：库存商品的类别数 n 和每件商品的三个信息值 name、price、stock。

（4）条件判断：$0<n<100$，且 n 为整数。

（5）输出：根据商品的类别数 n，显示 n 件商品的商品信息。

程序代码如下：

```cpp
#include <iostream>
#include <iomanip>
using namespace std;
int input(char n[][20], int p[], int s[])
{
    int i, num=0;
    while (num<=0 || num>=100)
    {
        cout<<"Please input n=";
        cin>>num;
    }
    cout<<endl;
    for(i=0; i<num; i++)
    {
        cout<<"input "<<i+1<<"th goods: "<<endl;
        cout<<"    name: ";
        cin>>n[i];
        cout<<"    price: ";
        cin>>p[i];
        cout<<"    stock: ";
        cin>>s[i];
    }
    cout<<endl<<"input finish"<<endl<<endl;
    return num;
}
void show(int num, char n[][20], int p[], int s[])
{
    int i;
    cout<<"                    goods"<<endl;
    cout<<"-------------------------------------------"<<endl;
    cout<<"      name       |   price   |      stock"<<endl;
```

```
        cout<<"----------------------------------------"<<endl;
        if(num!=0)
            for(i=0; i<num; i++)
            {
                cout<<setw(20)<<n[i]<<"    ";
                cout<<setw(7)<<p[i]<<"    ";
                cout<<setw(7)<<s[i]<<endl;
            }
        else
            cout<<endl<<"non!!!"<<endl<<endl;
        cout<<"----------------------------------------"<<endl;
    }
    int menu()
    {
        int choice=0;
        cout<<endl<<endl<<endl;
        cout<<"           menu"<<endl;
        cout<<"---------------------------"<<endl;
        cout<<"  1. input Goods"<<endl;
        cout<<"  2. show Goods"<<endl;
        cout<<"  0. exit"<<endl;
        cout<<"---------------------------"<<endl;
        cout<<"your choice: ";
        cin>>choice;
        cout<<endl<<endl<<endl;
        return choice;
    }
    int main()
    {
        int n=0, choice=0;
        int price[100], stock[100];
        char name[100][20];
        while((choice=menu())!=0)
        {
            switch(choice)
            {
            case 1:
                n=input(name, price, stock);
                break;
            case 2:
                show(n, name, price, stock);
                break;
            }
        }
        return 0;
    }
```

结果说明：

　　在该程序中使用了一个二维字符数组存储库存商品的名称，两个一维整型数组分别存储商品的单价和数量。通过自定义 input()函数、show()函数及 menu()函数实现了录入商品信息、显示商品信息和显示主菜单的三个功能，每个功能通过自定义函数实现，这种模块化的设计思想极大地方便了复杂问题的求解。

2. 在上一题的基础上，编写程序实现对商品信息进行增加、删除和查找的功能。要求通过显示的主菜单，根据用户选择进行相应操作。

🔔 分析：

本题处理的数据是商品名称、单价和库存。用一维 sting 类型的数组存储商品名称，单价用 double 类型的一维数组，库存用整型的一维数组。因此，本题是一个对数组进行查找、插入和删除的问题。

🔔 编程思路：

编写函数 menu() 实现菜单的输出；

编写函数 funfind()、funinsert()、fundelet()，分别用于实现数组的查找、插入和删除操作；

编写一个 call() 函数来调用 funfind()、funinsert()、fundelet() 函数；

编写主函数调用上述函数，要求数据的输入和输出在主函数内完成，且有输入、输出提示。

程序模块如图 6.8 所示。

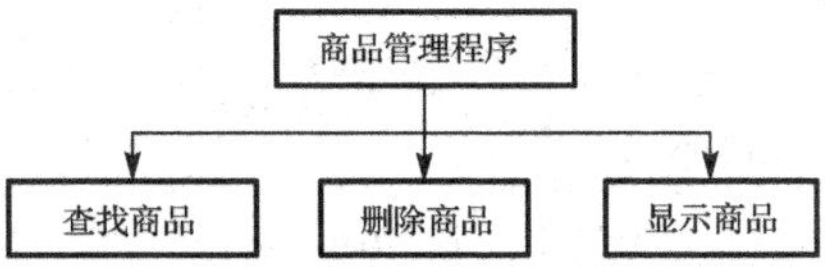

程序代码如下：

图 6.8　程序模块

```cpp
#include <iostream>
#include <iomanip>
#include <string>
using namespace std;
void inputagoods(string *n, int *p, int *s)
{
    cout<<"     name: ";
    cin>>*n;
    cout<<"     price: ";
    cin>>*p;
    cout<<"     stock: ";
    cin>>*s;
}
int funfind(string n[], int num)
{
    string x;
    int i;

    cout<<"input name of goods: ";
    cin>>x;
    for(i=num-1;i>=0;i--)
    {
        if(x==n[i]) break;
    }
    return i;
}
int funinsert(int num, string n[], int p[], int s[])
{
    string xi;
```

```cpp
    int pi, si;

    if(num<=100)
    {
        cout<<"input goods: "<<endl;
        inputagoods(&xi, &pi, &si);
        n[num]=xi;
        p[num]=pi;
        s[num]=si;
        num++;
        cout<<endl<<"insert finish!"<<endl;
    }
    else
        cout<<endl<<"not insert!"<<endl;
    return num;
}
int fundelete(int num, string n[], int p[], int s[] )
{
    string x;
    int i, k;
    if(num>0)
    {
        if((k=funfind(n, num))>=0)
        {
            for(i=k+1;i<num;i++)
            {
                n[i-1]=n[i];
                p[i-1]=p[i];
                s[i-1]=s[i];
            }
            num--;
            cout<<endl<<"delete finish!"<<endl;
        }
        else
            cout<<"not find!"<<endl;
    }
    else
        cout<<endl<<"no goods!"<<endl;
    return num;
}
void show(string n[], int p[], int s[], int num)
{
    cout<<"-------------------------------------"<<endl;
    if(num>=0)
    {
        cout<<"name of goods: "<<n[num]<<endl;
        cout<<"price of goods: "<<p[num]<<endl;
        cout<<"stock of goods: "<<s[num]<<endl;
```

```cpp
        }
        else
            cout<<"                not find!"<<endl;
        cout<<"-----------------------------------"<<endl;
    }
void show(int num, string n[], int p[], int s[])
{
    int i;
    cout<<"                goods"<<endl;
    cout<<"-----------------------------------------"<<endl;
    cout<<"        name        |  price  |        stock"<<endl;
    cout<<"-----------------------------------------"<<endl;
    if(num!=0)
        for(i=0; i<num; i++)
        {
            cout<<setw(20)<<n[i]<<"    ";
            cout<<setw(7)<<p[i]<<"    ";
            cout<<setw(7)<<s[i]<<endl;
        }
        else
            cout<<endl<<"non!!!"<<endl<<endl;
    cout<<"-----------------------------------------"<<endl;
}
int menu()
{
    int choice=0;
    cout<<endl<<endl<<endl;
    cout<<"            menu"<<endl;
    cout<<"-------------------------"<<endl;
    cout<<"  1. find Goods"<<endl;
    cout<<"  2. insert Goods"<<endl;
    cout<<"  3. delete Goods"<<endl;
    cout<<"  4. show Goods"<<endl;
    cout<<"  0. exit"<<endl;
    cout<<"-------------------------"<<endl;
    cout<<"your choice: ";
    cin>>choice;
    cout<<endl<<endl<<endl;
    return choice;
}
int main()
{
    int i,n=0, choice=0;
    int price[100], stock[100];
    string name[100];

    while (n<=0 || n>=100)
    {
```

```
            cout<<"Please input n=";
            cin>>n;
        }
        cout<<endl;
        for(i=0; i<n; i++)
        {
            cout<<"input "<<i+1<<"th goods: "<<endl;
            inputagoods(&name[i], &price[i], &stock[i]);
        }
        cout<<endl<<"input finish"<<endl<<endl;
        while((choice=menu())!=0)
        {
            switch(choice)
            {
            case 1:
                i=funfind(name, n);
                show(name, price, stock, i);
                break;
            case 2:
                n=funinsert(n, name, price, stock);
                break;
            case 3:
                n=fundelete(n, name, price, stock);
                break;
            case 4:
                show(n, name, price, stock);
                break;
            }
        }
        return 0;
    }
```

🔔 结果说明:

用函数组织程序,使程序的逻辑结构更加清晰,从本题的解决方案中可以看出,通过定义不同的函数完成数组的增加、删除和查找,将程序从功能上划分成几个独立的模块,程序的可读性好,也容易将复杂的问题分而治之地解决。

6.5　补充习题

一、单选题

1. 对于 C++语言的函数,下列叙述中正确的是(　　)。
   A. 函数的定义不能嵌套,但函数调用可以嵌套
   B. 函数的定义可以嵌套,但函数调用不能嵌套
   C. 函数的定义和调用都不能嵌套
   D. 函数的定义和调用都可以嵌套

2. 在一个被调用函数中，关于 return 语句使用的描述，（   ）是错误的。

    A. 被调用函数中可以不用 return 语句

    B. 被调用函数中可以使用多个 return 语句

    C. 被调用函数中，如果有返回值，就一定要有 return 语句

    D. 被调用函数中，一个 return 语句可以返回多个值给调用函数

3. 下列存储标识符中，（   ）的作用域与生存期不一致。

    A. 外部类型   B. 自动类型   C. 内部静态类型   D. 寄存器类型

4. 若数组名作实参而指针变量作形参，函数调用时实参传给形参的是（   ）。

    A. 数组的长度   B. 数组第一个元素的值

    C. 数组所有元素的值   D. 数组第一个元素的地址

5. C++语言中所有在函数中定义的变量，连同形式参数，都属于（   ）。

    A. 全局变量   B. 局部变量   C. 静态变量   D. 函数

6. 局部变量可以隐藏全局变量，那么在有同名全局变量和局部变量的情形时，可以用（   ）提供对全局变量的访问。

    A. 域运算符   B. 类运算符   C. 重载   D. 引用

7. 在 C++中，关于下列函数参数的描述中，（   ）是不正确的。

    A. C++语言中，实参是按照自右至左的顺序传递其值给形式参数的

    B. 若一个参数设置了默认值，则其右边的所有参数都必须设置默认值

    C. 函数参数的默认值不允许是表达式

    D. 设置参数默认值时，应该全部参数都设置

8. 决定 C++语言中函数的返回值类型的是（   ）。

    A. return 语句中的表达式类型

    B. 调用该函数时系统随机产生的类型

    C. 调用该函数时的主调用函数类型

    D. 在定义该函数时所指定的返回数据类型

9. 以下错误的描述是（   ）。

    A. 函数调用可以出现在执行语句中

    B. 函数调用可以出现在一个表达式中

    C. 函数调用可以作为一个函数的实参

    D. 函数调用可以作为一个函数的形参

10. 函数调用时，若函数的实参和形参均是数组，以下叙述中正确的是（   ）。

    A. 实参与其对应的形参各自占用自己的存储空间

    B. 实参与其对应的形参占用相同的存储空间

    C. 实参将其地址传递给形参，同时形参也会将该地址传递给实参

    D. 不能用数组名作为函数的实参

二、程序改错题（错误范围在***found*****下）**

1. 函数 fun()将指定的自然数分解成质因子的连乘积，如 88=2×2×2×11，请根据函数功能改错。

```
void fun(int n)
{
  int i,flag=0;
  cout<<"n=";
  for (i=2;i<=n;i++)
  {
    while(n!=1)
    {
      if (n%i==0)
      {
        if (flag==1) cout<<"*";
        flag=1;
        cout<<i;
*****found*****
        n=n%i;
      }
      else
        break;
    }
  }
  cout<<endl;
}
```

2. 函数 del(s,i,n)的功能是从字符串 s 中删除从第 i 个字符开始的 n 个字符。主函数调用 del()函数，从字符串 "management" 中删除从第 3 个字符开始的 4 个字符，然后输出删除子串后的字符串，请修改程序中的错误。

```
#include <iostream>
using namespace std;
void del(char s[ ],int i,int n)
{
    int j,k,length=0;
    while(s[length]!='\0')
    length++;
      --i;
      j=i;
      k=i+n;
    while(k<length)
      s[j++]=s[k++];
*****found*****
    s[j]=j;
}
main()
{
    char str[ ]="management";
    del(str,3,4);
    cout<<str<<endl;
    return 0;
}
```

3. 以下程序是将输入的一个整数反序打印出来,例如输入 1234,则输出 4321,输入 -1234,则输出 -4321,请修改程序中的错误。

```cpp
#include <iostream>
using namespace std;
void printopp(int n)
{
    if(n<0)
    {
        cout<<"-";
        n=-n;
    }
    while(n)
    {
*****found*****
        cout<<n/10;
        n=n%10;
    }
}
main()
{
    int n;
    cin>>n;
    printopp(n);
    return 0;
}
```

4. 以下程序的功能是计算并显示一个指定行数的杨辉三角形(形状如图 6.9 所示),请修改程序中的错误。

```cpp
#include<iostream>
#include <iomanip>
using namespace std;
const int N=15;
*****found*****
void yanghui(int b[][n], int n)
{
    int i,j;
    for(i=0; i<N; i++)
    {
        b[i][0]=1;
        b[i][i]=1;
    }
    for(i=1;++i<=n;)
        for(j=1;j<i;j++)
*****found*****
            b[i][j]=b[i][j]+b[i-1][j-1];
    for(i=0;i<n;i++)
    {
        for(j=0;j<=i;j++)
            cout<<setw(5)<<b[i][j];
```

```
1
1   1
1   2   1
1   3   3   1
1   4   6   4   1
1   5   10  10  5   1
```

图 6.9　杨辉三角形

```
            cout<<"\n";
        }
    }
    int main()
    {
        int a[N][N]={0},n;
        cout<<"please input size of yanghui triangle(<15)";
        cin>>n;
        yanghui(a,n);
        return 0;
    }
```

三、编程题

1．编写两个函数，分别求两个整数的最大公约数和最小公倍数，编写主函数调用这两个函数，计算两个数的最大公约数和最小公倍数并输出结果。

2．编写一个函数，将"年/月/日"格式表示的时间转换为"年-月-日"，如："1999/6/23"变为"1999-6-23"。

3．编写一个函数，将 $n×n$ 的矩阵行列对换，再编写主函数分别将 $3×3$、$4×4$、$5×5$ 的矩阵实现行列互换。

4．编写一个函数，将公制长度（厘米）转换为英制长度（英寸），编写主函数，从键盘输入公制长度，输出英制长度。

5．编写一个函数，由实参传来一个字符串，将此字符中最长的单词输出。

6．下面的函数统计子字符串 substr 在字符串 str 中出现的次数，如果 substr 在 str 中不出现，则返回值 0，请完成该函数。

```
    int str_count(char *substr, char *str) { }
```

7．完成下面的函数，对有 n 个元素的数组 a，使数组元素按逆序排列。

```
    void inverse(int *a, int n) { }
```

6.6 本章实验

1．实验要求

● 掌握函数的特点、调用及使用要点。

● 理解函数参数传递的方法。

● 学会应用函数解决实际问题。

2．实验内容

（1）编写判断一个整数是否为素数的函数，并求出在 2000 以内的所有素数。

💡 提示：判断一个数是否为素数，可以用 2 到该数-1 的所有数进行相除的运算，若余数均不为 0，则该数为素数，否则该数不是素数。

函数的原型可以声明为：

```
bool funPrime(int number);    //函数的功能判断 number 是否为素数，参数采用值传递方式
```

（2）用函数实现将一个以字符串形式表示的十六进制数转换成一个十进制整数。例如，输入"A2"转换为 162。

💭 提示：循环对读入的每个字符转换成对应的十进制数字，比如'1'的值为 1，'A'为 10，'F'为 15，将转换后得到的数字进行计算处理，假如存放结果的变量是 s，x 为转换的数值，则计算 s=s*10+x。

函数的原型可以声明为：

```
int funChange(char s[]);    //函数的功能是将 s 数组存放的字符串转换为十进制数值返
    回，参数应采用数组名传递方式，即形参数组与实参数组共用同一地址空间
```

（3）编写函数，求出任意一个一维数组元素中的最大值和最小值得下标。要求在主函数中输入数组元素的值，输出最大值和最小值。

💭 提示：本题要求将一维数组的元素传入到函数进行处理，对于大量数据的传递，最好的方式是使用数组名作为实际参数传递，在这种情况下，形参可以是指针也可以是数组，通过形参能直接对实参数组的数据进行处理。本题的问题是获取数组元素的最大值和最小值，在函数中有两个值需要返回到主函数，因此不能用 return 语句，需使用指针或引用参数进行回传。

函数的原型可以声明为：

```
void funMaxMin(int a[], int *max, int *min)    //函数的功能是获取数组元素的
    最大值和最小值下标
```

（4）随机生成五十个 100～200 之间的随机整数，找出其中的素数，并将其按升序排列。要求判断素数，插入排序算法，利用函数实现，在 main()函数中输出排序前和排序后的素数。

（5）编写一个递归函数，统计任意位正整数的位数，并在主函数中输入这个整数和输出统计的结果。

（6）编写一个程序，包括主函数和如下子函数。

要求：用函数分别实现输入十个任意的整数、用起泡方法将数据从大到小排序，输入一个整数，用折半查找法找出该数，若存在，则在主函数中输出其所处的位置，否则，插入适当位置等功能。

第7章

类 与 对 象

7.1 知识点结构图

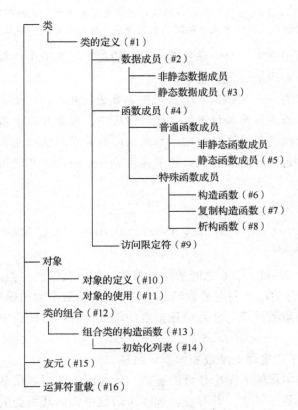

```
类
  ├── 类的定义（#1）
  │      ├── 数据成员（#2）
  │      │      ├── 非静态数据成员
  │      │      └── 静态数据成员（#3）
  │      ├── 函数成员（#4）
  │      │      ├── 普通函数成员
  │      │      │      ├── 非静态函数成员
  │      │      │      └── 静态函数成员（#5）
  │      │      └── 特殊函数成员
  │      │             ├── 构造函数（#6）
  │      │             ├── 复制构造函数（#7）
  │      │             └── 析构函数（#8）
  │      └── 访问限定符（#9）
  ├── 对象
  │      ├── 对象的定义（#10）
  │      └── 对象的使用（#11）
  ├── 类的组合（#12）
  │      └── 组合类的构造函数（#13）
  │             └── 初始化列表（#14）
  ├── 友元（#15）
  └── 运算符重载（#16）
```

7.2 知识点详解

1. 类的定义

"类"将数据和数据的处理方法封装在一起，数据就是类的数据成员，数据的处理方法就是类的函数成员。

从语法的角度来看，类完全符合数据类型的特征。数据类型是在程序中说明数据的取值范围的集合，以及定义在这个值集上的一组操作规则。一个"类"就是一个用户自定义的数据类型。

"类"的封装形式体现了现实世界中实体的内聚性和自主性。实体的存在和实体的行为不可分离，"内聚"表现为类中函数成员可以直接使用数据成员，不需要在函数成员的代码中额外声明来源。"自主"是指实体行为由实体自身能力决定，如果实体没有某种能力，外部世界就不能强迫实体进行该种活动。在计算机世界中，"能力"是对类中数据成员的操作，"自主"即表现为对数据成员的操作只能由类中的函数成员实现，而外部语句不能随意操作数据成员。类与实体类型的对应关系如表 7.1 所示。

因此，类的定义需要包含三要素：数据成员、函数成员、访问限定符。

```
class 类名
{
    private:
        成员表1；
    public:
        成员表2；
    protected:
        成员表3；
};
```

表 7.1　类与实体类型的对应关系

存在：实体类型	语法：类
实体的属性	类的数据成员
实体的行为	类的函数成员

2．数据成员

类的数据成员定义在类体中，形式为：

　　数据类型　　成员名；

数据成员的类型、数量来源于某一类实体的固有属性。

3．静态数据成员

不同共享类型的实现方法如表 7.2 所示。

表 7.2　不同共享类型的实现方法

共 享 类 型	实 现 方 法
函数之间	全局变量或者参数传递
一个对象的函数成员之间	类的封装，无须依靠全局变量或参数传递
不同类的对象之间	友元
一个类的不同对象之间	静态成员

静态数据成员属于整个类，而不是某个对象。对象创建时不会为静态数据成员分配存储空间，因而静态数据成员在类体内声明后，必须在类体外定义或者初始化，才能完成在全局数据区的存储空间分配。

静态数据成员用存储类型关键字 static 在类体内声明，在类外定义或者初始化。类体外定义或初始化的形式为：

　　数据类型　类名::静态数据成员名=值；　　　//定义并初始化
　　数据类型　类名::静态数据成员名；　　　　 //只定义不初始化

public 属性的静态数据成员可以被外部访问，形式为：

```
对象名.静态数据成员名
```

或

```
类名::静态数据成员名
```

4. 函数成员

类的函数成员可以定义在类体内也可以定义在类体外。

函数成员定义在类体外时，必须在类体内给出函数声明，再在类体外完成函数定义。在类体外定义函数成员时，为了标识函数成员与类的关系，必须在函数头部的"函数名"前添加"类名"作为前缀，并使用作用域标识符"::"连接。

```
返回值类型 类名::成员函数名（形式参数表）
{
        函数体
}
```

5. 静态函数成员

静态函数成员和静态数据成员一样，属于类而不是某一个对象。对象可以操作静态数据成员，但如果需要在对象创建之前操作静态数据成员，就只能使用静态函数成员。

静态函数成员不能访问类中的非静态成员，只能访问类中的静态成员。

在类对象创建前，静态函数成员（访问属性为 public）的外部访问形式只能为：

```
类名::静态函数成员名(实际参数表)
```

在类对象创建后，静态函数成员（访问属性为 public）的外部访问形式为：

```
对象名.静态函数成员名(实际参数表)
```

或

```
类名::静态函数成员名(实际参数表)
```

6. 构造函数

类的函数成员提供了对类中数据成员的处理方法。在使用类对象时，有三个函数成员与对象的创建与消亡过程紧密联系在一起，它们就是构造函数、复制构造函数和析构函数。这三个函数与其它函数成员不同，只能由系统自动调用。

构造函数在对象创建时由系统自动调用，为对象的数据成员赋初值，初始化对象。调用构造函数进行对象初始化是 C++ 的标准方法。

为了满足不同对象的创建需求，一个类可以定义多个构造函数。系统会遵循函数重载规则调用正确的构造函数完成对象的创建。无参构造函数或者每个形式参数有默认值的构造函数都可被称为默认构造函数。一般而言，类中应提供默认构造函数。如果类中没有定义构造函数，编译器会自动生成一个无参的默认构造函数，但只要类中声明了构造函数，编译器便不再生成任何形式的构造函数。

7. 复制构造函数

复制构造函数也是构造函数。如果一个构造函数的形式参数只有一个，且为本类对象的引用，这个构造函数就称为复制构造函数。

8. 析构函数

当一个对象的生命周期结束时，C++会自动调用析构函数完成对象结束时的善后工作。析构函数没有参数，一个类只能有一个析构函数。

9. 访问限定符

"封装"是面向对象程序设计的特征之一。通过为类成员指定访问限定符，将关键数据隐藏在类内部。所有对数据的操作都只能通过类的接口完成，从而约束外部语句对类中数据的操作。

区分以下两种访问形式：内部访问和外部访问的方法如表7.3所示。

表 7.3 内部访问与外部访问的区别

内 部 访 问	外 部 访 问
类的函数成员访问本类成员	非类的函数成员或语句对类成员的访问
不受访问限定符的约束	遵守访问限定符的安全规则

访问限定符有三种：public、private、和 protected，其中只有 public 成员可以被外部访问，private 和 protected 成员不能被外部访问。

为了保护数据，数据成员通常被指定为 private。类要有可用性，函数成员通常被指定为 public，它们就是类的操作接口，提供对数据成员的操作方法。

10. 对象的定义

对象定义的方法为：

    类名 对象名(参数表);

对象是在类上衍生出的变量，是类的一个实例，对应现实世界的一个实体。实体有各种特征，因此，与在 C++ 基本数据类型上衍生出的普通变量相比，对象的容量更大更复杂，可以容纳各种不同类型的数据。

11. 对象的使用

使用对象就是调用对象的 public 属性的函数成员，方法为：

    对象名.函数成员名(实参表);

如果对象是通过指针访问，方法为：

    指针名->函数成员名(实参表);

12. 类的组合

在现实世界中，复杂物体可以通过组合多个简单物体实现。在面向对象程序设计方法中，复杂对象也可以通过组合多个简单对象实现。

组合类定义的三个要点如下。

（1）组合类定义时，将简单对象声明为组合类的数据成员。

（2）组合类构造函数定义时，对象成员的初始化要使用初始化列表。

（3）对象成员的成员不是组合类的成员。

依据类的"封装"特性，类中的 private 成员只能被本类的函数成员直接使用。就象私有财产不能被所有人支配一样，组合类的函数不能直接访问对象成员的 private 成员，只能通过对象成员的 public 函数来完成操作。

13. 组合类的构造函数

组合类构造函数的定义如下：

> 类名::类名(对象成员所需的形参，其他数据成员形参) : 对象1(参数)，对象2(参数)，…
> { 本类其他数据成员初始化   }

当程序中定义了一个组合类对象，系统将自动调用组合类的构造函数，其执行顺序如下。
（1）依据初始化列表调用对象成员类的构造（复制构造）函数创建对象成员。
如果初始化列表为空，系统调用对象成员类的默认构造函数。
如果初始化列表为空，且对象成员类没有定义默认构造函数，对象成员创建失败，编译器报错。
（2）进入组合类的构造函数（或者复制构造）的函数体内。
执行语句，初始化其他数据成员。

14. 初始化列表

组合类对象中含有对象成员，在组合类对象创建时需调用对象成员类的构造函数完成对象成员的创建，这一流程在 C++的标准语法规则上体现为组合类构造函数定义时要使用初始化列表完成对象成员的创建。C++编译器会依照初始化列表完成重载，调用匹配的构造（复制构造）函数完成对象成员的创建。

15. 友元

友元突破了类的"封装"，实现不同类的对象之间的数据共享。在类 A 中将外部函数 f 或者其他类 B 声明为本类的友元，f 和 B 就能够直接使用类 A 的私有成员。友元关系不可逆、不可传递。

16. 运算符重载

在 C++中，变量的数据类型决定了变量能完成的运算类型，运算的实现由系统完成。"类"作为用户自行添加的数据类型，也应该对本类型数据的运算类型进行规范，并提供运算的实现方法。
（1）实现方法
运算符重载就是定义一个函数去扩展运算符的功能，函数的名称为**"operator 重载的运算符"**，运算符重载函数可以定义为类的函数成员也可以定义为类的友元函数。重载后，类对象的运算符的使用形式和基本数据类型变量完全相同，极大地简化了计算的表示形式，提高了程序的可读性。
（2）执行方式
运算符重载的实质仍然是函数调用。"重载"体现在同一运算符对于不同类型的操作数能够自动选择匹配的计算功能，当 C++编译器遇到重载后的运算符，就调用其对应的运算符重载函数，并将运算符的操作数转化为运算符重载函数的实参以满足调用需求。

7.3 常见错误分析

1. 类定义时，类体后缺少结束符";"

（1）现象

在编辑程序时，类定义的类体后缺少结束符;的错误现象如图 7.1 所示。

```
#include <iostream>
using namespace std;
class A
{
    int i;                           类 A 的类体定义中缺少结束符';'
public:
    int getI(){return i;}
    A(){ i=0;}
}
int main()
{
    A a0;
    return 0;
}

编译时提示错误如下：
Compiling...
error C2628: 'A' followed by 'int' is illegal (did you forget a ';'?)
```

图 7.1　错误现象

（2）错误说明

类定义时，类体用一对"{}"界定，并在"}"后使用";"表示类体定义结束。类体后缺少分号，编译器会指示类体后的代码出错，语句不同，错误提示也不同。

其实这些错误都是由于类体后缺少分号导致的，但因为编译器无法准确描述这个错误，所以就提示了它认为最可能的原因。只要将类体后的分号添加上，一切错误就都消失了。

（3）改正

加上分号即可。

2. 类的函数成员定义不完全，缺少函数实现代码

（1）现象

在编辑程序时，类的函数成员定义不完全，缺少函数实现代码的错误现象如图 7.2 所示。

```
#include <iostream>
using namespace std;
class A
{
    int i;
public:
    void setI(int);              类 A 的成员函数 void setI(int)只在类体中做了
};                               函数声明，而没有在类外实现函数体
int main()
{
    A a1;
    a1.setI(7);
    return 0;
}

链接时提示错误如下：
Linking...
error LNK2001: unresolved external symbol "public: void __thiscall A::setI(int)"
(?setI@A@@QAEXH@Z)
```

图 7.2　错误现象

（2）错误说明

类的函数成员有两种定义方法：一种是直接在类体中完成函数定义，另一种是先在类体内进行函数声明，再在类体外完成函数定义。

在使用第二种方法定义函数成员时，如果只完成了类体声明，而没有在类外实现函数体，程序可以正常编译产生 obj 文件，但无法完成链接生成 exe 文件。

（3）改正

在类体外定义函数成员 void setI(int)后，程序就能正常运行，正确的程序代码为：

```
void A::setI(int pi) {i=pi;}
```

在类体外定义函数成员时，为了标识函数成员与类的关系，必须在函数头部的"函数名"前添加前缀"类名::"。如果缺少该前缀，编译器会无法识别代码中的数据成员，如本例中的变量 i。

3. 对象的定义与构造函数的形式不匹配

（1）现象

在编辑程序时，对象的定义与构造函数的形式不匹配的错误现象如图 7.3 所示。

```
#include <iostream>
using namespace std;
class A
{
    int i;
public:
    A(){ i=0;}
};
int main()
{
    A a0;
    A a1(6);
    return 0;
}
```

构造函数 A( ) { i=0; }只能完成对象 a0 的创建；
对象 a1 的定义中带有参数 6，因此 a1 的创建要求类 A
提供带有一个形参的构造函数

编译时提示错误如下：
Compiling...
error C2664: '__thiscall A::A(const class A &)' : cannot convert parameter 1 from 'const int' to 'const class A &'

图 7.3　错误现象

（2）错误说明

对象创建将调用类的构造函数。对象的定义形式和构造函数的形式之间是互为因果的关系。有何种构造函数，就会有何种对象定义形式。同样的，如果希望以某一形式定义对象，类就必须提供对应的构造函数。

对象定义时，如果类没有提供与对象定义形式相匹配的构造函数，对象的定义就是非法的，编译器也会提示错误。

（3）改正

在类外增加含有一个整型参数的构造函数，正确的程序代码为：

```
A::A(int i1){i=i1;}
```

4. 内嵌对象创建没有可用的构造函数

（1）现象

在编辑程序时，内嵌对象创建没有可用的构造函数的错误现象如图 7.4 所示。

```
#include<iostream>
using namespace std;
class A
{
    int x;
public:
    A(int xx) {x=xx;}
};
class B
{
    int y;
    A a;
public:
    B(int yy,A aa) {y=yy; a=aa; }
};
int main()
{

    A a1(4);
    B b(4,a1);
    return 0;
}

编译时提示错误如下：

Compiling...

error C2512: 'A' : no appropriate default constructor available
```

类 A 没有默认构造函数，类 B 的内嵌对象 a 无法创建

图 7.4　错误现象

（2）错误说明

组合类的构造函数定义时，对象成员的初始化要使用初始化列表。系统会依照初始化列表调用对象成员类的构造（复制构造）函数创建对象成员。如果初始化列表为空，系统调用对象成员类的默认构造函数。

类 B 的构造函数"B(int yy,A aa) {y=yy; a=aa; }"定义时没有使用初始化列表，系统调用类 A 的默认构造函数创建内嵌对象 a。但类 A 没有定义默认构造函数，所以类 B 对象成员 a 创建失败，编译器报错。

（3）改正

方法 1：为类 A 的构造函数添加默认形参

```
A(int xx=0) {x=xx;}
```

方法 2：为类 B 的构造函数添加初始化列表

```
B(int yy,A aa):a(aa) {y=yy;a=aa;}
```

该初始化列表调用类 A 的复制构造函数。虽然类 A 没有定义复制构造函数，但编译器会自动生成一个复制构造函数以供使用。

7.4　综合案例分析

本节将结合一个有趣的游戏实例"青蛙吃苹果"，介绍面向对象的程序设计方法，游戏规则如下。

① 在屏幕的游戏区域随机出现一个苹果，游戏者操纵青蛙在屏幕上移动，当青蛙的头部与苹果重合时，苹果就被青蛙就吃掉了。被吃掉的苹果不再显示在屏幕上。

② 当一个苹果被吃掉后，屏幕上再随机显示一个苹果。

③ 每个苹果自带一个分值，青蛙的得分是它所吃到的所有苹果分值之和。

④ 如果青蛙的得分大于 21 点，青蛙就会因为吃得太多而失败，被迫结束游戏。

⑤ 系统在游戏开始会有一个分值，当游戏结束时才会公开。青蛙可以选择自动结束游戏。结束游戏时，如果青蛙的分值为 21 点，青蛙胜利；如果青蛙的分值小于 21 但大于系统预设的分值，青蛙胜利。

在面向对象的程序设计方法中，问题的解决是通过类的抽象和对象的相互作用实现的。程序设计的第一步是完成类的抽象。"青蛙吃苹果"游戏中，实体是青蛙和苹果，首先需设计出满足游戏要求的青蛙类 Frog 和苹果类 Apple。类的抽象包括两个部分，抽象数据成员描绘实体属性，抽象函数成员实现实体的行为。

（1）数据抽象

将实体属性抽象为数据成员时，可遵循"完整性"与"最小化"的原则。

如图 7.5 所示，为了简化游戏，青蛙显示为 3 个*字符。只要知道青蛙的头部坐标（x,y）（x 为列号，y 为行号）就能显示青蛙，青蛙其他身体部位坐标就没有必要抽象为 Frog 类的数据成员，这就是"最小化"。由于苹果随机出现，当苹果出现在区域边缘时，如图 7.5 所示，只有青蛙特定的身体姿态才能吃到苹果。所以，Frog 类的数据成员除了头部坐标（x,y）外，还要添加身体姿态 status。另外，依据游戏规则，青蛙的得分也应作为 Frog 类的数据成员。

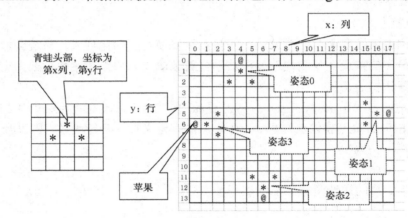

图 7.5　游戏区域与青蛙的姿态表示

为了简化游戏，苹果显示为平面上的字符@，依据游戏说明，苹果的属性应包括字符@的显示坐标（x,y），和分值 score。当一个苹果被青蛙吃掉后，屏幕上会再随机显示一个苹果，对于新的苹果，游戏并不创建新的 Apple 对象，而是使用原来的 Apple 对象，只是更新其显示坐标（x,y）和分值 score。所以，苹果的属性中还应包含苹果状态 status。

青蛙类与苹果类的数据成员抽象如表 7.4 所示。

表 7.4　数据成员抽象

青 蛙 类		苹 果 类	
数 据 成 员	说　　明	数 据 成 员	说　　明
int x,y;	头部坐标：x 列，y 行	int x,y;	显示坐标：x 列，y 行
int status;	身体姿态： 上 0，右 1，下 2，左 3	int status;	状态： 0：默认状态，没有被吃掉 1：被吃掉了
int result;	游戏总得分	int score;	分值

（2）青蛙的移动

依据游戏规则，青蛙在游戏者的操控下在游戏区域移动。青蛙有六种移动方向，可以用一个键控制一种移动方向，键盘控制字符的定义如表 7.5 所示。

表 7.5　键盘控制字符定义

字　　符	青　蛙　行　为
'w' 或 'W':	上移
's' 或 'S'	下移
'a' 或 'A'	左移
'd' 或 'D'	右移
'k' 或 'K'	以头部为中心，逆时针转动
'l' 或 'L'	以头部为中心，顺时针转动
#	主动退出游戏

青蛙移动是位置改变的结果，青蛙移动的实质是依照控制键计算青蛙头部坐标（x,y）和青蛙姿态 status。在计算出青蛙的新头部坐标和姿态后，青蛙的移动实际上就完成了。刷新屏幕后，依照新坐标和姿态显示青蛙，在视觉停留效应的帮助下，就会觉得青蛙在移动。

（3）利用二维数组 buffer 同时在屏幕上显示青蛙与苹果

在控制台编程模式下，计算机屏幕只能顺序显示，当屏幕要同时显示青蛙和苹果时，必须考虑青蛙与苹果的相对位置，区分显示顺序，按照顺序输出青蛙与苹果，才能正确显示游戏画面。由于青蛙的移动，青蛙与苹果的相对位置是在不断变化的，实现非常复杂。如果计算机屏幕可被随机写屏，青蛙与苹果的显示就可以独立显示，代码会非常简单。

为了实现随机写屏可以将游戏区域抽象为一个二维数组，又称为输出缓冲区。高度为常量 SCOPE，宽度为常量 RATIO 与 SCOPE 之积。为了方便使用，输出缓冲区数组定义为全局变量，定义如下：

```
const int SCOPE=20;
const int RATIO=3;
int buffer[SCOPE+1][ RATIO *SCOPE+1]={0}; //游戏区域，输出缓冲区，初始值为 0
```

青蛙和苹果的显示分为两个步骤：将青蛙与苹果写入数组 buffer，再将 buffer 整体输出到屏幕上。**将青蛙与苹果写入 buffer，就是为对应的数组元素赋值。**数组通过下标随机访问，青蛙与苹果的写入是完全独立的。考虑到青蛙要吃掉苹果，可以先写青蛙，再写苹果，然后将数组按行输出到屏幕上，如图 7.6 所示。

图 7.6　青蛙和苹果的显示步骤

坐标为（x,y）的苹果对应的数组元素为 buffer[y][x]。头部坐标（x,y）的青蛙对应的数组元素有三个，其下标关系和青蛙的姿态如表 7.6 所示。

为了在输出时区分苹果与青蛙，在写入时，苹果对应的数组元素赋值为 2，青蛙对应的数组元素赋值为 1。

与数组 buffer 相关的操作有三种，如表 7.7 所示。

表 7.6　下标关系与青蛙姿态

status=0，头向上	buffer[y][x]	buffer[y+1][x-1]	buffer[y+1][x+1]
status=1，头向右	buffer[y][x]	buffer[y-1][x-1]	buffer[y+1][x-1]
status=2，头向下	buffer[y][x]	buffer[y-1][x-1]	buffer[y-1][x+1]
status=3，头向左	buffer[y][x]	buffer[y+1][x+1]	buffer[y-1][x+1]

表 7.7　与数组 buffer 相关的操作

行 为 描 述	实 现 方 法
将青蛙与苹果写入数组	由青蛙类和苹果类的函数成员实现
将数组输出到真实屏幕	函数 void showBuffer()
重置数组（即清理输出缓存区）	函数 void clearBuffer()

① 函数 void showBuffer()

行为描述：输出数组 buffer。

在将数组 buffer 输出到屏幕时，数组元素值为 1，是青蛙的部件，显示*；元素值为 2，是苹果，显示@；元素值为 0，是空白区域，显示空格符。

```
void showbuffer()
{
    for (int i=0;i<SCOPE+1;i++)//输出行
    {
        for (int j=0;j< RATIO*SCOPE+1;j++)//输出列
        {
            if (buffer[i][j]==1) cout<<'*';
            if (buffer[i][j]==2) cout<<'@';
            if (buffer[i][j]==0) cout<<' ';
        }
        cout<<endl;
    }
}
```

② 函数 void clearBuffer()

行为描述：重置数组 buffer 的所有元素值为 0。

为了实现青蛙的移动，在输出新青蛙时必须清屏。在引入数组 buffer 作为虚拟屏幕后，不但要对真实的屏幕清屏，还要清理虚拟屏幕 buffer，将其所有元素的值重置为 0，抹去原来的青蛙与苹果。

```
void clearbuffer()
{
    for (int i=0;i<SCOPE+1;i++)//输出行
        for (int j=0;j<RATIO*SCOPE+1;j++)//输出列
        buffer[i][j]=0;
}
```

（4）算法流程与主函数 main()

主函数的工作包括三个部分：计算系统的分值，定义变量，开始游戏。

游戏流程可分解为四个步骤构成的 do-while 循环，各个步骤的功能描述如表 7.8 所示。

这些功能的具体实现代码分散在青蛙类、苹果类的函数成员、主函数 main()中和与 buffer 操作相关的函数 clearBuffer()和 showBuffer()中。

表 7.8　各步骤功能描述

序号	步　骤	行 为 描 述
1	清理屏幕，准备输出游戏画面	清理真实的计算机屏幕
		清理虚拟屏幕数组 buffer 中的青蛙和苹果
2	将青蛙与苹果输出到屏幕上	将青蛙与苹果写入数组 buffer
		将数组 buffer 输出到屏幕上
3	输出得分情况	如果青蛙吃到苹果，更新苹果的坐标和分值，重用苹果显示苹果分值和青蛙的总得分
		如果青蛙没有吃到苹果，显示青蛙的总得分
4	依照输入的控制字符更改青蛙的坐标和姿态	从键盘输入控制字符
		计算青蛙的新坐标和姿态

```
int main()
{
    //1. 计算游戏系统的分值
    long n=time(&n);
    srand(n);
    boss=rand()%21+1;
    //2. 定义青蛙 bob，去吃苹果 red
    Apple red;
    Frog bob;
    //3. 定义控制字符
    char p; //游戏者输入控制字符 p，操作 bob
    do
    {
        //1. 清理屏幕
        system("cls");
        clearbuffer();
        //2. 将青蛙与苹果输出到屏幕上
        bob.writeBuffer();      red.writebuffer(); //调用类的函数成员
        showbuffer();
        //3. 输出得分情况
        if (red.getStatus()==1) //苹果被吃掉了
        {
            cout<<"本次得分: "<<red.getScore()<<"，总得分:
                "<<bob.getResult()<<endl;
            red.refresh();//更新苹果
        }
        else  cout<<"总得分: "<<bob.getResult()<<endl;
        if (bob.getResult()>=21) break; //青蛙 bob 的分值大于 21，失败退出游戏
        //4. 依照输入的控制字符更改青蛙的坐标和姿态
        p=getch();
        if (p=='#') break; //输入"#"，主动退出游戏
        bob.move(p,red);
    }while (1);
    return 0;
} //end main
```

（5）青蛙类

Frog 类的定义如下，UML 图如图 7.7 所示。

Frog
x : int
y : int
status : int
result : int
+   Frog()
+   ~Frog()
+   move(char) : void
+   writeBuffer() : void
+   clearBuffer() : void
+   act_0(char) : void
+   act_0(char) : void
+   act_0(char) : void
+   act_0(char) : void
+   getResult() : int

图 7.7 　UML 图

```
class Frog
{
        int x,y;              //头部坐标
        int status;           //姿态:上 0，右 1，下 2，左 3
        int result;           //游戏总得分
    public:
        Frog();               //无参构造函数
        ~Frog();              //析构函数
        void writeBuffer();   //将 Frog 对象写入 buffer
        void clearBuffer();   //清理 buffer 中的 Frog 对象
        void move(char);      //移动
        void act_0(char);     //计算新头部，新姿态
        void act_1(char);     //计算新头部，新姿态
        void act_2(char);     //计算新头部，新姿态
        v4oid act_3(char);    //计算新头部，新姿态
        int getResult();      //返回 result
}; //end class Frog
```

① 函数成员 void writeBuffer()

行为描述：将青蛙写入数组 buffer。

```
void Frog::writeBuffer()
{
    switch(status)
    {
        case 0: buffer[y][x]=1;buffer[y+1][x-1]=1;buffer[y+1][x+1]=1;break;
        case 1: buffer[y][x]=1;buffer[y-1][x-1]=1;buffer[y+1][x-1]=1;break;
        case 2: buffer[y][x]=1;buffer[y-1][x-1]=1;buffer[y-1][x+1]=1;break;
        case 3: buffer[y][x]=1;buffer[y-1][x+1]=1;buffer[y+1][x+1]=1;break;
    }
```

```
}//end Frog::writeBuffer()
```

② 函数成员 void clearBuffer()

行为描述：将青蛙从数组 buffer 中抹去。

```
void Frog::clearBuffer()
{
    switch(status)
    {
        case 0: buffer[y][x]=0;buffer[y+1][x-1]=0;buffer[y+1][x+1]=0;break;
        case 1: buffer[y][x]=0;buffer[y-1][x-1]=0;buffer[y+1][x-1]=0;break;
        case 2: buffer[y][x]=0;buffer[y-1][x-1]=0;buffer[y-1][x+1]=0;break;
        case 3: buffer[y][x]=0;buffer[y-1][x+1]=0;buffer[y+1][x+1]=0;break;
    }
}//end Frog::clearBuffer()
```

③ 构造函数 Frog()

行为描述：初始化青蛙对象，青蛙出现在游戏区域底部的最左边，头部向上。

```
Frog::Frog()
{
    status=0; result=0;
    x=1; y=SCOPE-1;                  //指定青蛙的头部坐标
}
```

④ 函数成员 void act_0(char)、void act_1(char)、void act_2(char)和 void act_3(char)

行为描述：依据控制字符和青蛙的当前姿态 status、头部坐标（x, y）计算移动后的新头部坐标和新姿态 status。

当前姿态为 0 时，计算结果如表 7.9 所示，实现见函数成员 void act_0(char)。

表 7.9　姿态为 0 时的计算结果

控制字符的值	移 动 方 向	行坐标 y 变化	列坐标 x 变化	姿态 status 变化
'w' 或 'W'	上	减 1	不变	不变
's' 或 'S'	下	加 1	不变	不变
'a' 或 'A'	左	不变	减 1	不变
'd' 或 'D'	右	不变	加 1	不变
'k' 或 'K'	逆时针转动	加 1	减 1	3
'l' 或 'L'	顺时针转动	加 1	加 1	1

```
void Frog::act_0(char m) //当前姿态 0 时对操控字符的反应：更改 Frog 的坐标
{
    switch(m)
    {
        //上移
        case 'w':case 'W':if (y>0) y--; break;
        //下移
        case 's':case 'S':if (y+1<SCOPE) y++; break;
        //左移
        case 'a':case 'A':if (x-1>0) x--; break;
```

```
                        //右移
            case 'd':case 'D':if (x+1<SCOPE* RATIO) x++; break;
            //逆时针转动
            case 'k':case 'K':if (y+1<SCOPE) {status=3; x--;y++;} break;
            //顺时针转动
            case 'l':case 'L':if (y+1<SCOPE){status=1; x++;y++;} break;
        }
    }//end Frog::act_0
```

函数 void act_1(char)、void act_2(char)和 void act_3(char)定义见后面的完整程序实现。

⑤ 函数成员 void move(char, Apple &)

行为描述：向着苹果移动，去吃苹果。

函数实现分为两个步骤：

调用函数成员 void act_0(char)、void act_1(char)、void act_2(char)和 void act_3(char)，计算青蛙的新姿态 status 和新头部坐标（x, y）；

判断能否吃到苹果，如果能就吃掉苹果，并获得苹果中的分值。

```
    void Frog::move(char m, Apple &red)
    {
        //步骤1: 计算青蛙的新姿态 status 和新头部坐标(x,y)
        switch(status)
        {
            case 0: act_0(m);break;
            case 1: act_1(m);break;
            case 2: act_2(m);break;
            case 3: act_3(m);break;
        }
        //步骤2: 判断能否吃到苹果
        if ((x==red.getX())&&(y==red.getY())) //头部坐标与苹果坐标重合，可以吃到苹果
        {
            red.eated();                      //吃苹果，苹果的状态 status 变为 1
            result+=red.getScore();           //得分，青蛙的分值增加
        }
    }//end Frog::move
```

⑥ 函数成员 int getResult()

行为描述：返回数据成员 result。

```
    int Frog::getStatus()  {return status;}    //返回青蛙总得分 result
```

⑦ 析构函数~Frog()

行为描述：判断游戏结果，根据游戏胜负输出不同的离别画面。

游戏设置了两种告别画面，依据青蛙的胜负显示。利用析构函数会在对象消亡时被自动调用的特点，游戏的收尾工作可以放到 Frog 类的析构函数中。当游戏结束，青蛙对象消亡时由系统自动执行完成。

```
    Frog::~Frog()
```

```
    {
        ifstream f;
        char l[300];                        //存放从文件中读取的一行字符
        system("cls");
        //输出青蛙和游戏系统的分值
        cout<<"Frog总得分: "<<result<<'\t'<<"系统得分: "<<boss<<endl;
        //判断胜负
        if (result>21||(result<21&&result<boss))
        {
            cout<<"失败! "<<endl;
            f.open("cry.txt");              //失败的ASCII图像存放在文件cry.txt中
            while(1)
            {
                //按行顺序读取文件，每行的内容读入字符数组l中，然后显示在屏幕上
                f.getline(l,299);
                cout<<l<<endl;
                if (f.eof()) break;  //如果读取到文件结尾, 终止while循环
            }//end while
            f.close();
        }//失败, 输出失败画面
        else
        {
            cout<<"成功! "<<endl;
            f.open("smile.txt"); //胜利的ASCII图像存放在文件smile.txt中
            while(1)
            {
                f.getLine(l,299);
                cout<<l<<endl;

                if (f.eof()) break;
            }//end while
            f.close();
        }//成功, 输出成功画面
    }//end Frog::~Frog()
```

（6）苹果类

Apple 类的定义如下，UML 图如图 7.8 所示。

```
class Apple
{
        int x,y;//显示坐标, x列, y行
        int status;//状态。0: 没有被吃掉; 1: 被吃掉了
        int score;//分值
    public:
        Apple();
        void eated();//苹果被吃掉, status更改为1
        void refresh();//重生，重新计算苹果的坐标x, y和分值score
        void writeBuffer(); //将Apple对象写入buffer
        void clearBuffer(); //清理buffer中的Apple对象
```

```
int getStatus() ;//获得苹果当前状态
int getScore();//获得苹果分值
int getX();//获得苹果头部坐标 x
int getY();//获得苹果头部坐标 y

};
```

Apple
x : int
y : int
status : int
+ Apple()
+ eated() : void
+ refresh() : void
+ writeBuffer() : void
+ clearBuffer() : void
+ getStatus() : int
+ getScore() : int
+ getX() : int
+ getY() : int

图 7.8 Apple 类的 UML 图

① 构造函数 Apple()

行为描述：创建苹果对象。状态 status 为 0，并将当前系统时间作为随机数种子，使用库函数 rand()产生苹果对象的坐标和分值。

```
Apple::Apple()
{
    //1. 设置状态 status 的值为 0
    status=0;
    //2. 生成分数 score，score 的值在 1~13 之间
    long n;
    n=time(&n);//读取系统当前时间
    srand(n);    //将当前系统时间作为随机数种子
    score=rand()%13+1;
    //3. 生成坐标，不允许苹果对象出现在游戏区域的四个顶点
    do {
        n=time(&n);
        srand(n); x=rand()%(RATIO*SCOPE+1);
        n=time(&n);
        srand(n); y=rand()%(SCOPE+1);
    }while (
        (y==0&&(x==0||x==RATIO*SCOPE))||
        (y==SCOPE&&(x==0||x==RATIO*SCOPE))
        );
}
```

② 函数成员 void refresh()

行为描述：苹果的再生。在苹果被吃掉后，只需重置苹果的显示坐标（x, y）和分值 score 及状态 status 就可以再次使用。

refresh 的代码与构造函数 Apple()完全相同

```cpp
void Apple::refresh()
{
    status=0;
    long n;
    do {
            n=time(&n);
            srand(n); x=rand()%(RATIO*SCOPE+1);
            n=time(&n);
            srand(n); y=rand()%(SCOPE+1);
        }while (
            (y==0&&(x==0||x== RATIO*SCOPE))||
            (y==SCOPE&&(x==0||x== RATIO*SCOPE))
                );
    buffer[y][x]=2;
    n=time(&n);
    srand(n); score=rand()%13+1;
}
```

③ 函数成员 void eated()

行为描述：苹果被吃掉，status 的值由 0 改为 1。

```cpp
void Apple::eated()
{
    status++;
}
```

④ 函数成员 void writeBuffer()

行为描述：将苹果写入数组 buffer。

```cpp
void Apple::writeBuffer()  {buffer[y][x]=2;}
```

⑤ 函数成员 void clearBuffer()

行为描述：将苹果从数组 buffer 中抹去。

```cpp
void Apple::writeBuffer()  {buffer[y][x]=0;}
```

⑥ 函数成员 int getStatus()、int getScore()、int getX() 和 int getY()

行为描述：返回数据成员。

```cpp
int Apple::getStatus() {return status;}    //获得苹果当前状态
int Apple::getScore()  {return score;}     //获得苹果分值
int Apple::getX()   {return x;}            //获得苹果坐标 x
int Apple::getY()   {return y;}            //获得苹果坐标 y
```

（7）完整的程序

```cpp
#include <iostream>
#include <iomanip>
#include <ctime>
#include <cstdlib>
#include <conio.h>
#include <fstream>
using namespace std;
//Apple 类的定义
class Apple
{
    int x,y;                        //显示坐标，x 列，y 行
    int status;                     //状态。0: 默认状态，没有被吃掉; 1: 被吃掉了
    int score;
public:
    int getX(){return x;}
    int getY(){return y;}
    int getStatus() {return status;}
    void eated() {status++;}     //苹果被吃掉，status 更改为 1
    int getScore(){ return score;}
    void refresh();                 //重生，重新计算苹果的坐标 x, y 和分值 score
    Apple();
    void writeBuffer();
};//end Apple
//Frog 类的定义
class Frog
{
    int x,y;
    int status;                     //0，1，2，3
    int result;                     //游戏总得分
public:
    Frog();
    ~Frog();
    int getResult(){return result;}
    void writeBuffer();
    void clearBuffer();
    void act_0(char);
    void act_1(char);
    void act_2(char);
    void act_3(char);
    void move(char,Apple &);
};//end class Frog
//定义输出缓冲区，二维数组 buffer
const int SCOPE=20;
const int RATIO=3;
int buffer[SCOPE+1][ RATIO *SCOPE+1];  //输出缓冲区
//定义全局变量，boss:游戏系统得分
int boss;
void showBuffer();
```

```cpp
void clearbuffer();
//主函数
int main()
{
    //计算游戏系统的分值
    long n=time(&n);
    srand(n);
    boss=rand()%21+1;
    Frog bob;    //定义青蛙bob, 去吃苹果red
    Apple red;
    char p; //游戏者输入控制字符p, 操作bob
    do
    {
        //1. 清理屏幕
        system("cls");
        clearbuffer();
        //2. 将青蛙与苹果输出到屏幕上
        bob.writeBuffer(); red.writeBuffer();  //调用类的函数成员
        showBuffer();
        //3. 输出得分情况
        if (red.getStatus()==1)  //苹果被吃掉了
        {
            cout<<"本次得分: "<<red.getScore()<<", 总得分:
                "<<bob.getResult()<<endl;
            red.refresh();//更新苹果
        }
        else  cout<<"总得分: "<<bob.getResult()<<endl;
        if (bob.getResult()>=21) break; //如果青蛙bob的分值大于21, 失败, 退出游戏
        //4. 依照输入的控制字符更改青蛙的坐标和姿态
        p=getch();
        if (p=='#') break; //输入"#", 主动退出游戏
        bob.move(p,red);
    }while (1);
    return 0;
} //end main
void clearbuffer()
{
    for (int i=0;i<SCOPE+1;i++)//输出行
        for (int j=0;j< RATIO *SCOPE+1;j++)//输出列
        buffer[i][j]=0;
}
void showBuffer()
{
    for (int i=0;i<SCOPE+1;i++)//输出行
    {
        for (int j=0;j< RATIO *SCOPE+1;j++)//输出列
        {
            if (buffer[i][j]==1) cout<<'*';
```

```cpp
                if (buffer[i][j]==2) cout<<'@';
                if (buffer[i][j]==0) cout<<' ';
            }
            cout<<endl;
        }

}
//Apple类的实现
Apple::Apple()
{
    long n;
    //生成坐标
    do {
            n=time(&n);
            srand(n); x=rand()%(RATIO*SCOPE+1);
            n=time(&n);
            srand(n); y=rand()%(SCOPE+1);
    }while (
            (y==0&&(x==0||x==RATIO*SCOPE))||
            (y==SCOPE&&(x==0||x==RATIO*SCOPE))
            );
    //设置状态值0
    status=0;
    //生成分数
    n=time(&n);
    srand(n); score=rand()%13+1;
}
void Apple::refresh()
{
    status=0;
    long n;
    do {
            n=time(&n);
            srand(n); x=rand()%(RATIO*SCOPE+1);
            n=time(&n);
            srand(n); y=rand()%(SCOPE+1);
    }while (
            (y==0&&(x==0||x==RATIO*SCOPE))||
            (y==SCOPE&&(x==0||x==RATIO*SCOPE))
            );
    n=time(&n);
    srand(n); score=rand()%13+1;
}
void Apple::writeBuffer(){buffer[y][x]=2;}
//Frog类的实现
Frog::Frog()
{
    status=0; result=0; x=1; y=SCOPE-1;
```

```
}
Frog::~Frog()
{
    ifstream f;
    char l[300];                    //存放从文件中读取的一行字符
    system("cls");
    //输出青蛙和游戏系统的分值
    cout<<"Frog总得分: "<<result<<'\t'<<"系统得分: "<<boss<<endl;
    //判断胜负
    if (result>21||(result<21&&result<boss))
    {
        cout<<"失败! "<<endl;
        f.open("cry.txt");//失败的 ASCII 图像存放在文件 cry.txt 中
        while(1)
        {
            //按行顺序读取文件, 每行的内容读入字符数组 l 中, 然后显示在屏幕上
            f.getline(l,299);
            cout<<l<<endl;
            if (f.eof()) break; //如果读取到文件结尾, 终止 while 循环
        }//end while
        f.close();
    }//失败, 输出失败画面
    else
    {
        cout<<"成功! "<<endl;
        f.open("smile.txt"); //胜利的 ASCII 图像存放在文件 smile.txt 中
        while(1)
        {
            f.getline(l,299);
            cout<<l<<endl;
            if (f.eof()) break;
        }//end while
        f.close();
    }//成功, 输出成功画面
}
void Frog::writeBuffer()//将 Frog 的坐标写入 buffer
{
    switch(status)
    {
        case 0: buffer[y][x]=1;buffer[y+1][x-1]=1;buffer[y+1][x+1]=1;break;
        case 1: buffer[y][x]=1;buffer[y-1][x-1]=1;buffer[y+1][x-1]=1;break;
        case 2: buffer[y][x]=1;buffer[y-1][x-1]=1;buffer[y-1][x+1]=1;break;
        case 3: buffer[y][x]=1;buffer[y-1][x+1]=1;buffer[y+1][x+1]=1;break;
    }
}//end Frog::writeBuffer()
void Frog::clearBuffer()//将 Frog 的坐标从 buffer 中清除
{
    switch(status)
```

```
        {
            case 0:  buffer[y][x]=0;buffer[y+1][x-1]=0;buffer[y+1][x+1]=0;break;
            case 1:  buffer[y][x]=0;buffer[y-1][x-1]=0;buffer[y+1][x-1]=0;break;
            case 2:  buffer[y][x]=0;buffer[y-1][x-1]=0;buffer[y-1][x+1]=0;break;
            case 3:  buffer[y][x]=0;buffer[y-1][x+1]=0;buffer[y+1][x+1]=0;break;
        }
}//end Frog::clearBuffer()
void Frog::act_0(char m)//状态 0 时对操控字符的反应：更改 Frog 的坐标
{
    switch(m)
    {
        //上移
        case 'w':case 'W':if (y>0) y--; break;
        //下移
        case 's':case 'S':if (y+1<SCOPE) y++; break;
        //左移
        case 'a':case 'A':if (x-1>0) x--; break;
        //右移
        case 'd':case 'D':if(x+1<SCOPE* RATIO) x++; break;
        //逆时针转动
        case 'k':case 'K':if (y+1<SCOPE) {status=3;x--;y++;} break;
        //顺时针转动
        case 'l':case 'L':if (y+1<SCOPE){status=1;x++;y++;} break;
    }
}//end Frog::act_0
void Frog::act_1(char m)
{
    switch(m)
    {
        //上移
        case 'w':case 'W': if (y-1>0) y--;break;
        //下移
        case 's':case 'S': if (y+1<SCOPE) y++;break;
        //左移
        case 'a':case 'A': if (x-1>0) x--;break;
        //右移
        case 'd':case 'D': if(x<SCOPE* RATIO) x++;break;
        //逆时针转动
        case 'k':case 'K': status=0;x--;y--; break;
        //顺时针转动
        case 'l':case 'L': status=2;x--;y++; break;
    }
}//end Frog::act_1
void Frog::act_2(char m)
{
    switch(m)
    {
        //上移
        case 'w':case 'W': if (y-1>0) y--; break;
```

```
        //下移
        case 's':case 'S': if (y<SCOPE) y++; break;
        //左移
        case 'a':case 'A': if (x-1>0) x--; break;
        //右移
        case 'd':case 'D': if(x+1<SCOPE* RATIO) x++;  break;
        //逆时针转动
        case 'k':case 'K': if (y-1>0) { status=1;x++;y--;} break;
        //顺时针转动
        case 'l':case 'L': if (y-1>0) {status=3;x--;y--;} break;
    }
}//end Frog::act_2
void Frog::act_3(char m)
{
    switch(m)
    {
        //上移
        case 'w':case 'W': if (y-1>0) y--; break;
        //下移
        case 's':case 'S': if (y+1<SCOPE) y++;break;
        //左移
        case 'a':case 'A': if (x>0) x--; break;
        //右移
        case 'd':case 'D': if(x+1<SCOPE* RATIO) x++; break;
        //逆时针转动
        case 'k':case 'K': status=2;x++;y++; break;
        //顺时针转动
        case 'l':case 'L': status=0;x++;y--; break;
    }
}//end Frog::act_3
void Frog::move(char m,Apple &red)
{
    switch(status)
    {
        case 0: act_0(m);break;
        case 1: act_1(m);break;
        case 2: act_2(m);break;
        case 3: act_3(m);break;
    }
    //增加：判断能否吃到苹果
    if ((x==red.getX())&&(y==red.getY()))
    {
        //吃苹果
        red.eated();//red.status=1
        //得分
        result+=red.getScore();
    }
}//end Frog::move
```

7.5 补充习题

一、单选题

1. 关于构造函数的叙述正确的是（　　）。
   A. 构造函数可以有返回值　　　　　　B. 构造函数的名字必须与类名完全相同
   C. 构造函数必须带有参数　　　　　　D. 构造函数必须定义，不能默认

2. 关于析构函数特征描述正确的是（　　）。
   A. 一个类中可以有多个析构函数　　B. 析构函数名与类名完全相同
   C. 析构函数不能指定返回类型　　　　D. 析构函数可以有一个或多个参数

3. A 是一个类，那么执行语句 "A a, b(3),*p;" 调用了几次构造函数（　　）。
   A. 2　　　　　　　　B. 3　　　　　　　　C. 4　　　　　　　　D. 5

4. 下列静态数据成员的特性中，错误的是（　　）。
   A. 说明静态数据成员时，前边要加关键字 static
   B. 外部访问静态数据成员时，要在静态数据成员名前加类名和作用域运算符
   C. 静态数据成员不是所有对象所共有的
   D. 静态数据成员在类外进行初始化

5. 一个类的友元函数能够访问该类的（　　）。
   A. 私有成员　　　　B. 保护成员　　　　C. 公有成员　　　　D. 所有成员

6. 已知类中的一个函数成员说明为：int f (C &a)。其中，C &a 的含义是（　　）。
   A. 指向类 C 的指针为 a　　　　　　　B. a 是类 C 的对象引用，用来作为 f() 的形参
   C. 将 a 的地址赋给变量　　　　　　　D. 变量 C 与 a 按位与作为函数 f() 的形参

二、编程题

1. 编写一个 Time 类，包含数据成员 hour（小时）、minute（分）和 sec（秒）。请定义三个获取数据成员的函数成员和一个模拟秒表的函数成员 go（每调用一次 go 走一秒），格式：

```
void go(void)
double getHour(void) { return hour; }
double getMinute(void) { return  minute; }
double getSec(void) { return  sec ; }
```

2. 定义一个描述二维坐标系中点对象的类 Point，它具有下述成员函数。
计算极坐标的极半径：double r()
计算极坐标的极角：double theta()
计算与点 p 的距离：double distance(Point& p)

3. 设计复数类，在类中重载这个复数的加法、减法、乘法、除法运算符。

4. 编写一个图书类，图书信息包括作者名、书名、编号、库存数，图书可以被借阅，也可以被归还。利用静态成员的概念，统计图书的总数量并输出。

5. 编写一个宠物类，宠物的属性包括体重、年龄、行走距离，行为包括喂养、遛弯，喂养后体重会增加，遛弯能增加行走距离，减轻体重。

7.6 本章实验

1. 实验要求

- 掌握类的创建方法。
- 学会设计构造函数。
- 掌握复制构造函数的定义。
- 了解组合类的定义。

2. 实验内容

（1）设计一个线类 line，线对象的两个顶点的坐标为（x1,y1）和（x2,y2）。UML 图如图 7.9 所示，函数成员 getlength 用于求线的长度，函数成员 setSp、setDp 修改线的顶点坐标。请按照 UML 的说明完成该类的定义，并在主函数中对类的函数成员进行测试。

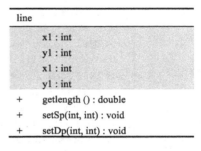

图 7.9　line 类的 UML 图

（2）设计一个描述学生基本情况的类 Student，数据成员包括 11 位学号（char 类型数组，默认值为 u0000000000）、C++成绩、英语和数学成绩（默认成绩为 0），函数成员包括获取学号、求出总成绩和平均成绩，更改学生学号和各科成绩。

① 请画出 Student 类的 UML 图。

② 请完成 Student 类的定义。

💬 提示：获取学号函数返回学生学号，返回值是学号数组的首地址，所以函数返回值类型应定义为 char*。

③ 主函数中测试该类，观察函数成员实现是否正确。

（3）请定义一个分数类，数据成员为分子和分母，要求如下。

① 在分数对象创建时，分母默认为 2，分子默认为 1。如果分母为 0，则自动修正为 1。

② 该类可以实现对分数的化简、乘法、除法、加法和减法运算，运算结果为最简分数。

③ 请画出该类的 UML 图，并实现该类。

（4）请依照说明完成游戏 NPC 类的函数成员定义。

💬 提示：请注意静态数据成员的定义与使用。

```cpp
#include <iostream>
using namespace std;
class NPC
{
    int role;           //角色类型，1: 农夫,2: 矿工
    char skill;         //技能，'c':种植，是农夫的技能，'d': 挖掘，是矿工的技能
    double gold;        //金币数量
    double corn;        //谷物数量
    static double tax;  //系统收到的交易税
```

```
    public:
    NPC(int _r);/*构造函数,新对象的角色值为_r,技能和角色配套,金币和谷物数量都为0*/
    void work();/*工作。角色为农夫,谷物数量增加1000; 角色为矿工,金币数量增加5*/
    void trade(NPC &p);/*交易。交易双方必须为不同类型角色,且农夫的谷物不少于200,
            矿工的金币不少于4.5,交易后,农夫的谷物减少200,金币增加4,矿工的金币
            减少4,谷物增加200。双方各自缴纳0.5个金币的税*/
    double get_corn(); //返回corn的值
    double get_gold(); //返回gold的值
    char get_skill();   //返回技能
};
int main()
{
    NPC NP1(1),NP2(2);
    for (int i=0;i<3;i++) NP1.work();
    NP2.work();
    cout<<"NP1.skill:"<<NP1.get_skill()<<'\t'<<"NP1.corn:"<<NP1.get_corn()<<'\t'
    <<"NP1.gold:"<<NP1.get_gold()<<endl;
    cout<<"NP2.skill:"<<NP2.get_skill()<<'\t'<<"NP2.corn:"<<NP2.get_corn()<<'\t'
    <<"NP2.gold:"<<NP2.get_gold()<<endl;
    for (i=0;i<2;i++)
    {   cout<<endl<<"trade_"<<i+1<<"-------------------------"<<endl;
        NP1.trade(NP2);
        cout<<"NP1.skill:"<<NP1.get_skill()<<'\t'<<"NP1.corn:"<<NP1.get_corn()
        <<'\t'<<"NP1.gold:"<<NP1.get_gold()<<endl;
    cout<<"NP2.skill:"<<NP2.get_skill()<<'\t'<<"NP2.corn:"<<NP2.get_corn()
        <<'\t'<<"NP2.gold:"<<NP2.get_gold()<<endl;
        cout<<"tax:"<< tax<<endl;
    }
    return 0;
}
```

```
NP1.skill:c    NP1.corn:3000    NP1.gold:0
NP2.skill:d    NP2.corn:0       NP2.gold:5

trade_1-----------------------------
NP1.skill:c    NP1.corn:2800    NP1.gold:3.5
NP2.skill:d    NP2.corn:200     NP2.gold:0.5
tax:1

trade_2-----------------------------
NP1.skill:c    NP1.corn:2800    NP1.gold:3.5
NP2.skill:d    NP2.corn:200     NP2.gold:0.5
tax:1
Press any key to continue
```

图 7.10 运行结果

MP3 类设计合理的行为。

运行结果如图 7.10 所示。

(5)请定义一个分数类,如果对象创建时分母为0,则自动修正为1。并在类中重载"+"和"-"运算符,运算结果为最简分数。

知识点:运算符重载。

(6)某个 MP3 播放器有一张内置 SD 卡。SD 卡可以被格式化,可以存储文件,删除文件。SD 卡类如下,请以类的组合的形式实现含有 SD 卡的 MP3 类,并为

```
class SD
{
    private:
        double asize;          //可用容量
        double usize;          //已用容量
    public:
        SD(double s=8000)
        {
```

```
            size=s;
            usize=0;
            cout<<"基类 SD 的构造函数被调用"<<endl;
        }                          //默认容量 8000M
    double getaSize() {return asize;}
    double getuSize() {return usize;}
    double getSize() {return usize+asize;}
    void save(double n) {asize-=n; usize+=n;}        //存储文件
    void del(double n) {usize-=n;size+=n;}           //删除文件
    void init(){ asize=asize+usize; usize=0;}
};//声明类 SD 卡
```

（7）借书卡类 card 中内嵌了日期类对象，请补足 date 类和 card 的函数成员定义。

```
#include<iostream>
#include <iomanip>
using namespace std;
class date
{
        int year;
        int month;
        int day;
    public:
        date(int Year=0,int Month=0,int Day=0);//构造函数，给出初始的年月日
        void setdate(int Year,int Month,int Day);//设置年月日
        int get_year();          //获取年份
        int get_month();         //获取月份
        int get_day();           //获取日期
};
class card
{
        int book;                //图书编号
        int reader;              //借阅者编号
        date borrow_day;         //出借日期
        int  expiry;             //借阅期限
    public:
        card(int Book, int Reader,date Borrow_day,int Expiry=60);
                                 //构造函数
        date get_borrow_day();   //获取出借日期
        date get_return_day();   //获取归还日期，归还日期=出借日期+借阅期限
        int get_book();          //获取图书编号
        int get_reader();        //获取借阅者编号
        int get_expiry();        //获取借阅期限
};
int main()
{
    int stu=2012678;            //借阅者编号
    int cbook=100034;           //图书编号
    date day(2012,1,31);        //借书日期
```

```cpp
card c1(cbook,stu,day);        //创建card对象c1
//以下打印借书卡c1信息
cout<<"借书卡c1: "<<endl;
cout<<"-----------------------------------------------------"<<endl;
cout<<setw(10)<<'*'<<"图书号: "<<c1.get_book()<<endl;
cout<<setw(10)<<'*'<<"借书人: "<<c1.get_reader()<<endl;
cout<<setw(10)<<'*'<<"借阅期限: "<<c1.get_expiry()<<endl;
cout<<setw(10)<<'*'<<"出借日期: "<<c1.get_borrow_day().
    get_year()<<":"<<c1.get_borrow_day().get_month()<<":"<<
    c1.get_borrow_day().get_day()<<endl;
cout<<setw(10)<<'*'<<"归还日期: "<<c1.get_return_day().
    get_year()<<":"<<c1.get_return_day().get_month()<<":"<<
    c1.get_return_day().get_day()<<endl;
cout<<"-----------------------------------------------------"<<endl;

day.setdate(2012,12,6);            //设置借书日期
cbook=100077;//图书者编号
card c2(cbook,stu,day,30);         //创建card对象c2
//以下打印借书卡c2信息
cout<<"借书卡c2: "<<endl;
cout<<"-----------------------------------------------------"<<endl;
cout<<setw(10)<<'*'<<"图书号: "<<c2.get_book()<<endl;
cout<<setw(10)<<'*'<<"借书人: "<<c2.get_reader()<<endl;
cout<<setw(10)<<'*'<<"借阅期限: "<<c2.get_expiry()<<endl;
cout<<setw(10)<<'*'<<"出借日期: "<<c2.get_borrow_day().
    get_year()<<":"<<c2.get_borrow_day().get_month()<<":"<<
    c2.get_borrow_day().get_day()<<endl;
cout<<setw(10)<<'*'<<"归还日期: "<<c2.get_return_day().
    get_year()<<":"<<c2.get_return_day().get_month()<<":"<<
    c2.get_return_day().get_day()<<endl;
cout<<"-----------------------------------------------------"<<endl;
}
```

运行结果如图 7.11 所示。

```
借书卡c1:
-----------------------------------------------------
    *图书号: 100034
    *借书人: 2012678
    *借阅期限: 60
    *出借日期: 2012:1:31
    *归还日期: 2012:3:31
-----------------------------------------------------
借书卡c2:
-----------------------------------------------------
    *图书号: 100077
    *借书人: 2012678
    *借阅期限: 30
    *出借日期: 2012:12:6
    *归还日期: 2013:1:5
-----------------------------------------------------
Press any key to continue
```

图 7.11   运行结果

第8章

继承与多态

8.1　知识点结构图

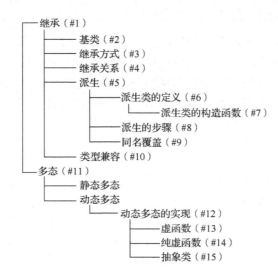

```
继承（#1）
├── 基类（#2）
├── 继承方式（#3）
├── 继承关系（#4）
├── 派生（#5）
│   ├── 派生类的定义（#6）
│   │   └── 派生类的构造函数（#7）
│   ├── 派生的步骤（#8）
│   └── 同名覆盖（#9）
└── 类型兼容（#10）
多态（#11）
├── 静态多态
└── 动态多态
    └── 动态多态的实现（#12）
        ├── 虚函数（#13）
        ├── 纯虚函数（#14）
        └── 抽象类（#15）
```

8.2　知识点详解

1．继承

继承、封装与多态是面向对象程序设计的三大特征。封装将数据与数据的处理方法结合在一起，继承提供的就是基于封装的代码重用手段。

通过继承，子类获得了父类的全部成员（不包括构造函数和析构函数）。这一过程没有违反类的封装原则，反而通过继承方式强化了封装规则。

继承是保持已有类的特性而构造新类的过程。所以为了构建新类，体现差异，继承一定伴随着派生。两者不可分割，是一个整体。

继承过程涉及基类、继承方式、继承关系。

2．基类

被继承的已有类称为基类（或父类）。

3．继承方式

继承后，派生类会获得基类的全部数据成员和构造函数与析构函数外的全部函数成员。

子类对父类的继承方式有三种，公有继承（public）、私有继承（private）和保护继承（protected）。继承方式会改变继承的基类成员的外部访问控制属性，如表 8.1 所示。

表 8.1 不同继承方式基类成员的访问属性

继承方式	基类成员的访问属性变化
public	基类中所有 public 成员成为派生类的 public 成员
	基类中所有 protected 成员成为派生类的 protected 成员
private	基类中所有 public 成员成为派生类的 private 成员
	基类中所有 protected 成员成为派生类的 private 成员
protected	基类中所有 public 成员成为派生类的 protected 成员
	基类中所有 protected 成员成为派生类的 protected 成员
不论派生类以何种方式继承基类，都不能直接使用基类的 private 成员	

在派生类内部访问时，不论在何种继承方式下，派生的新函数成员都无法直接访问基类的私有成员，只能通过基类的公有函数对这些数据进行操作，这是由类的封装特性决定的。

在定义父类时，数据成员的访问控制属性不声明为 private（私有），而是 protected（保护）。在非继承情境下，这两种访问控制属性没有区别；在继承情境下，protected 属性更为开放，为派生类的使用提供了便利，并利于实现多重继承。

4．继承关系

类的继承关系非常灵活，并且可以传递。依据继承关系的层次和父类的数量，可以分为单继承、多继承和多重继承，如图 8.1～图 8.3 所示。通常，单继承和多继承描述的是直接继承关系。

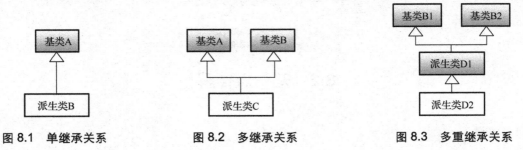

图 8.1 单继承关系　　　　图 8.2 多继承关系　　　　图 8.3 多重继承关系

5．派生

派生是在已有类的基础上新增自己的特性而产生新类的过程。如果没有派生，继承过程就没有任何意义。

6．派生类的定义

继承了基类后构造出的新类称为派生类（或子类）。派生类的定义形式为：

```
class 派生类名:继承方式 1　基类名 1,继承方式 2　基类名 2,…
{
    新成员声明;
};
```

7．派生类的构造函数

派生类的构造函数定义形式为：

```
派生类名::派生类名(基类所需的形参, 本类成员所需的形参)
: 基类名1(参数名表), …, 基类名n(参数名表),
    对象名1(参数名表), …, 对象名n(参数名表)
{
    成员初始化赋值语句;
};
```

🔔 注意:

（1）在声明派生类构造函数的形参时，不但要包含对派生数据成员初始化的参数，还要包含对基类数据成员初始化的参数。

（2）要在函数头部后附加“：基类名1(参数名表),…,基类名n(参数名表)”明确指出分配给基类的参数。

派生类对象创建时，系统会首先调用基类的构造函数初始化基类成员，其调用顺序与派生类定义时声明的继承顺序一致。

8．派生的步骤

在完成继承后，派生类要依照自身的特征和行为完成派生过程。如图 8.4 所示，派生分为如下三个步骤。

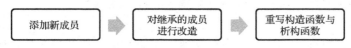

图 8.4　派生的步骤

（1）添加新成员：新成员是与基类成员不同名的成员。这些新成员体现了派生类与基类的差异，是派生类存在的基础。

（2）对继承的成员进行改造：添加与基类成员同名的成员。这些派生的同名成员体现了从父类到子类行为的延续性。

例如，MP4 播放器类继承了 MP3 播放器类，但 MP4 类的 play 行为和 MP3 类的 play 有差别。如果将 play 行为视作一个按键，为了保持用户体验的延续性，最好的方法不是在继承自 MP3 的 play 按键之外再增加一个新键，而是保持这个键，但在 MP4 内部对键的功能进行升级。

（3）重写构造函数与析构函数：构造函数与析构函数是对象创建和消亡时要调用的成员函数。派生类和基类是不同的类，基类的构造函数和析构函数即便能够继承，也不能使用。派生类必须重写构造函数与析构函数以满足派生类对象创建与消亡的要求。

9．同名覆盖

在派生新成员时，为了保留基类访问的接口，可以有意识地使用与继承的基类成员相同的名字，这一行为也被称为“改造”。“改造”受到同名覆盖规则的支持。

当正常使用派生类对象时，如果存在与基类成员同名的新派生成员，默认访问新成员。这一规则就是“同名覆盖”。

同名覆盖规则提供了对基类成员，尤其是函数成员功能更新改造的便利手段，能极大地减少类接口的变动。使用和原来一样的操作接口一方面减轻了使用者的负担，还体现了继承中父类到子类行为的延续性，为多态的实现提供了支持。

因此，同名覆盖有如下两个前提。

（1）正常使用派生类对象。

（2）新成员在名称及语法形式上和要改造的基类成员完全相同。

10．类型兼容

派生类作为基类的加强版，基类能够完成的工作派生类都能完成，所以在任何需要基类对象的地方都可以使用公有派生类对象来代替，称为类型兼容，但反之则禁止。

类型兼容的实现方法是将派生类对象的地址赋值给基类指针，通过基类指针访问派生类对象。此时，派生对象被作为基类对象使用，能访问到的只有从基类继承的成员，如图 8.5 所示。

11．多态

多态体现了对程序通用性的追求。目的是使用同一接口实现不同的功能，达到行为标识统一。

图 8.5　访问范围

（1）静态多态

静态多态是编译时的多态。通过函数重载和运算符重载来实现。

（2）动态多态

动态多态是运行时的多态。在程序执行前，无法根据函数名和参数来确定应该调用哪一个函数，必须在程序执行过程中，根据执行的具体情况来动态地确定。

（3）继承与多态

继承为动态多态的实施提供了基础。继承所产生的类家族具有行为的延续性，派生类在派生中对基类的函数改造时，使用了与基类相同的名称，保留了相同的接口。

在访问接口相同的情况下，针对访问基类所写的访问代码也应该可以访问该类所有派生类的同名成员，这就是所说的"发出同样的消息被不同类型的对象接收有可能导致完全不同的行为"。

所以动态多态是针对一个类家族而言的，必须通过类继承关系和虚函数来实现。

12．动态多态的实现

通过基类指针或引用访问派生类的同名虚成员函数就能实现动态多态。虚函数打破了类型兼容原则，基类指针指向派生类对象后，虽然访问范围只局限在继承的基类成员，但在访问同名虚函数时，访问的不是基类的同名函数，而是该派生类派生的新同名成员。

13．虚函数

虚函数是类的成员函数，使用关键字 virtual 进行定义，格式如下：

```
virtual  返回类型  函数名（参数表）{…};
```

🗩 注意：

（1）关键字 virtual 指明该成员函数为虚函数，类外定义不需要再使用 virtual。

（2）虚函数具有继承性，基类中声明了虚函数，派生类中无论是否说明，派生的同名函数都自动成为虚函数，因此在派生类中重新定义虚函数时，不必加关键字 virtual。

（3）构造函数不能定义为虚函数，但通常把析构函数定义为虚函数，实现撤消对象时的多态性。

虚函数打破了类型兼容原则，基类指针指向派生类对象后，在访问同名虚函数时，访问的不是基类的同名函数，而是该派生类派生的新同名成员。

14．纯虚函数

为了建立一个通用模板，派生出一系列子类或者为动态多态提供操作接口，可以将基类的成员函数定义为纯虚函数。

纯虚函数是类的成员函数，没有实现代码，也没有函数体，只能声明在类体内，格式如下：

```
virtual  返回类型  函数名（参数表）=0;
```

15．抽象类

含有纯虚函数的类无法实例化生成对象，称为抽象类。

抽象类实质上是一个类模板，继承了抽象类的派生类可以依照本类的特性灵活实现纯虚函数，然后产生对象。

8.3　常见问题讨论

1．派生类派生的函数成员对继承的基类成员的访问是否受到限制

派生类的成员分为两类：自己新派生的成员和来自基类的成员。基类的成员包括基类全部的数据成员和除了构造函数、析构函数外的全部函数成员，如图 8.6 所示。

派生类的成员函数对基类成员的访问属于内部访问。 但由于封装特性，对于基类私有成员的访问和外部访问相同，都只能通过基类的非私有函数成员来完成。

例如，下例的派生类 B 派生的新函数 void fB1(int i,int j)想对基类的私有成员 A 赋值，只能通过调用基类的非私有成员函数 void fA1(int i)来实现操作。void fA1(int i)是 protected 属性，主函数 main()对基类 A 的访问属于外部访问，不能使用函数 void fA1(int i)，UML 图如图 8.7 所示。

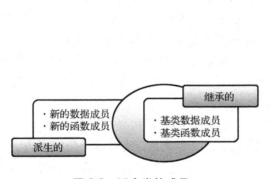

图 8.6　派生类的成员

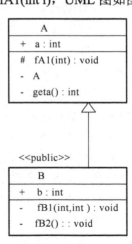

图 8.7　UML 图

```cpp
#include<iostream>
using namespace std;
class A
{
        int a;
protected:
        void fA1(int i) {a+=i;}
public:
        A(int i=0) {a=i;}
        int geta() {return a;}
};
class B:public A
{
    int b;
public:
    void fB1(int i,int j) {fA1(i); b=geta()+j;}
    void fB2() {cout<<b<<endl;}
};
int main()
{
    A a1;
    B b1;
    b1.fB1(4,3);
    b1.fB2();
    return 0;
}
```

2. 继承与组合的区别

继承和组合都能够构建更复杂的类，是实现代码复用的方法。

（1）从获得其他类的成员的角度来思考，组合和继承在结果上是相似的，但在副本的数量上有区别。

组合是将已有对象拼合为新对象，是简单的代码重复。新类中可以重复含有已有类的对象，多次获得已有类的成员。继承是创建一个新类，将其作为现有类的一个"子类型"，只能获得一次原有类的成员。

例如，"两点定一线"，在创建点类 Point 后，线类 Line 创建最适合的方法是组合。Line 类中含有 2 个类 Point 的对象，Line 类的对象实际含有 5 个数据，包括 style 和来自内嵌对象 p0 和 p1 的 p0.x，p0.y，p1.x，p1.y，才能够正确地表示平面上的一条线段。

如果使用继承的方法来创建线类 Line，则 Line 类的数据只含有来自基类 Point 的成员 x、y 和派生的新成员 style，这个数据集合是不完全的，不能正确的表示平面上的一条线段。使用组合与继承的区别如表 8.3 所示。

（2）组合比继承更具灵活性和稳定性，在设计的时候优先使用组合。

继承利用了实体的共性，从基类开始派生出一个类族。父类与子类在行为上具有延续性，即派生时子类添加与父类同名的函数成员，保留来自父类的接口，为多态提供了实现的土壤，类族衍生的对象可以被相同的代码访问，但产生不同的结果。这种延续性也带来问题，当父类的行为改变时，例如函数参数的数量改变，子类的方法必须做出相应的修改。就这一点而言，继承和封装所强调的独立性是有矛盾的。

表 8.2　组合与继承的区别

组　　　　合	继　　　　承

``
class Point
{
        int x, y;   //点的平面坐标
    public:
        ...
};
class Line
{
        int style;   //线形, 0:虚, 1:实
        Point p0,p1;   //两个端点
    public:
        ...
};
``
	``
	class Point
	{
	        int x, y; //点的平面坐标
	    public:
	        ...
	};
	class Line: public Point
	{
	        int style; //线形, 0:虚, 1:实
	    public:
	        ...
	};
	``

组合类与内嵌对象类之间在行为上是完全独立的。内嵌对象的内部细节对组合对象是不可见的，内嵌对象的类代码修改后，组合类的代码不需要修改，很好地保持了类的封装特性。

（3）在使用继承和组合时，思考如下约束条件。

① 如果类 A 和类 B 毫不相关，不要为了使类 B 的功能更多些而让类 B 继承类 A。

② 如果类 B 有必要使用类 A 的功能，则要分两种情况考虑：

若在逻辑上类 B 是类 A 的"一种子类型"，则允许类 B 继承类 A 的功能。如"研究生"是"学生"的一种，研究生类可以从学生类派生；

若在逻辑上类 A 是类 B 的"一部分"，则不允许类 B 继承类 A，而是要用类 A 和其他东西组合出类 B。例如眼（Eye）、鼻（Nose）、口（Mouth）、耳（Ear）是头（Head）的一部分，所以类 Head 应该由类 Eye、类 Nose、类 Mouth、类 Ear 组合而成，不是派生而成。

③ 如果类 B 继承类 A 后，类 A 就不再被使用，则不允许类 B 继承类 A，而应该直接定义类 B。

3．类型兼容与同名覆盖的区别及如何判断代码执行时是使用同名覆盖还是类型兼容

类型兼容和同名覆盖都能够解决标识符的"二义性"问题。但它们适用的情境完全不同，是不同的规则，其区别如表 8.3 所示。

表 8.3　同名覆盖与类型兼容规则区别

规　　则	适 用 情 境	访 问 方 法	访 问 结 果
同名覆盖	正常使用派生类对象	派生类对象名.成员名	派生的同名成员
		派生类指针名->成员名	
类型兼容	将派生对象作为基类对象使用	基类类指针名->成员名	基类的同名成员

8.4　补 充 习 题

一、单选题

1．下列对派生类的描述中，（　　　）是错误的。

A. 一个派生类可以作另一个派生类的基类

B. 派生类至少有一个基类

C. 派生类的成员除了它自己的成员外，还包含了它的基类的成员

D. 派生类中继承的基类成员的访问权限到派生类保持不变

2. 派生类的对象对它的基类成员中（　　）是可以访问的。

　　A. 公有继承的公有成员　　　　　　　B. 公有继承的私有成员

　　C. 公有继承的保护成员　　　　　　　D. 私有继承的公有成员

3. 派生类的构造函数的成员初始化列中，不能包含（　　）。

　　A. 基类的构造函数　　　　　　　　　B. 派生类中子对象的初始化

　　C. 基类的子对象初始化　　　　　　　D. 派生类中一般数据成员的初始化

4. 关于多继承二义性的描述中，（　　）是错误的。

　　A. 一个派生类的两个基类中都有某个同名成员，在派生类中对这个成员的访问可能出现二义性

　　B. 解决二义性的最常用的方法是对成员名的限定法

　　C. 基类和派生类中同时出现的同名函数，也存在二义性问题

　　D. 一个派生类是从两个基类派生来的，而这两个基类又有一个共同的基类，对该基类成员进行访问时，也可能出现二义性

5. 关于动态多态的下列描述中，（　　）是错误的。

　　A. 动态多态是以虚函数为基础的

　　B. 动态多态是在运行时确定所调用的函数代码的

　　C. 动态多态调用函数操作是指向对象的指针或对象引用

　　D. 动态多态是在编译时确定操作函数的

6. 关于虚函数的描述中，（　　）是正确的。

　　A. 虚函数是一个 static 类型的成员函数

　　B. 虚函数是一个非成员函数

　　C. 基类中说明了虚函数后，派生类中将其对应的函数可不必说明为虚函数

　　D. 派生类的虚函数与基类的虚函数具有不同的参数个数和类型

7. 关于纯虚函数和抽象类的描述中，（　　）是错误的。

　　A. 纯虚函数是一种特殊的虚函数，它没有具体的实现

　　B. 抽象类是指具有纯虚函数的类

　　C. 一个基类中说明有纯虚函数，该基类的派生类一定不再是抽象类

　　D. 抽象类只能作为基类来使用，其纯虚函数的实现由派生类给出

8. 下列描述中，（　　）是抽象类的特性。

　　A. 可以说明虚函数　　　　　　　　　B. 可以进行构造函数重载

　　C. 可以定义友元函数　　　　　　　　D. 不能说明其对象

二、判断题

1. C++语言中，既允许单继承，又允许多继承。

2. 派生类是从基类派生出来，它不能再生成新的派生类。

3．派生类的继承方式有两种：公有继承和私有继承。

4．在公有继承中，基类中的公有成员和私有成员在派生类中都是可见的。

5．在公有继承中，基类中只有公有成员对派生类是可见的。

6．在私有继承中，基类中只有公有成员对派生类是可见的。

7．在私有继承中，基类中所有成员对派生类的对象都是不可见的。

8．在保护继承中，对于垂直访问同于公有继承，而对于水平访问同于私有继承。

9．派生类是它的基类组合。

10．构造函数可以被继承。

11．析构函数不能被继承。

12．只要是类 M 继承了类 N，就可以说类 M 是类 N 的子类。

13．如果类 A 是类 B 的子类，则类 A 必然适应于类 B。

14．多继承情况下，派生类的构造函数的执行顺序取决于定义派生类时所指定的各基类的顺序。

15．单继承情况下，派生类中对基类成员的访问也会出现二义性。

16．解决多继承情况下出现的二义性的方法之一是使用成员名限定法。

17．虚基类是用来解决多继承中公共基类在派生类中只产生一个基类子对象的问题。

18．虚函数是用 virtual 关键字说明的成员函数。

19．构造函数说明为纯虚函数是没有意义的。

20．抽象类是指一些没有说明对象的类。

21．动态多态是在运行时选定调用成员函数的。

三、编程题

1．假设某销售公司有销售经理和销售员工，月工资的计算办法是：销售经理的固定月薪为 8000 元并提取销售额的 5/1000 作为工资；销售员工只提取销售额的 5/1000 作为工资。编写一个程序，定义一个基类 Employee，它包含三个数据成员 number、name 和 salary，以及用于输入编号和姓名的构造函数。由 Employee 类派生 Salesman 类，再由 Salesman 类派生 Salesmanager 类。Salesman 类包含两个新数据成员 commrate 和 sales，还包含用于输入销售额并计算销售员工工资的成员函数 pay() 和用于输出的成员函数 print()。Salesmanager 类包含新数据成员 monthlypay，以及用于输入销售额并计算销售经理工资的成员函数 pay()、用于输出的成员函数 print()。在 main() 函数中，测试类结构，求若干个不同员工的工资。

8.5 本 章 实 验

1．实验要求

● 理解类的继承与派生的概念。

● 掌握派生类的定义方法。

● 理解多态。

● 掌握虚函数和多态的实现。

2. 实验内容

（1）运行以下代码，并说明导致运行结果的原因。

①
```cpp
#include <iostream>
using namespace std;
class A
{
    public:
        A(int i,int j){a=i;b=j;}
        void Move(int x,int y){a+=x;b+=y;}
        void Show(){cout<<"("<<a<<","<<b<<")"<<endl;}
    private:
        int a,b;
};
class B:public A
{
    public:
        B(int i,int j, int k,int l):A(i,j),x(k),y(l) { }
        void Show() {cout<<x<<","<<y<<endl;}
        void fun() {Move(3,5);}
        void f1() {A::Show();}
    private:
        int x,y;
};
int main()
{
    A e(1,2);
    e.Show();
    B d(3,4,5,6);
    d.fun();
    d.A::Show();
    d.B::Show();
    d.f1();
}
```

②
```cpp
#include <iostream>
using namespace std;
class B
{
    public:
        B(){}
        B(int i){b=i;}
        void fun(){cout<<"B::fun() called.\n";}
    private:
        int b;
};
```

```
        class D:public B
        {
            public:
                D(){}
                D(int i,int j):B(i) {d=j; }
            private:
                int d;
                void fun() {cout<<"D::fun() called.\n"; }
        };
        void fun(B *obj) { obj->fun(); }
        int main()
        {
            D *pd=new D;
            fun(pd);
        }
③   #include <iostream>
    using namespace std;
    class B
    {
        public:
            B(){}
            B(int i){b=i;}
            virtual void virfun(){cout<<"B::virfun() called.\n";}
        private:
            int b;
    };
    class D:public B
    {
        public:
            D(){}
            D(int i,int j):B(i) {d=j; }
        private:
            int d;
            void virfun() {cout<<"D::virfun() called.\n"; }
    };
    void fun(B *obj) { obj->virfun(); }
    int main()
    {
        D *pd=new D;
        fun(pd);
    }
```

（2）在一个行业软件中，有多种构件，例如，较为简单的构件、较为复杂的构件和百叶型构件，对于它们的描述都采用基于面向对象的方式。

① 建立一个简单的构件父类 FRAME，此类中包括构件的长、宽和颜色属性，并包含绘制自身的函数，函数通过输出一些按规则排列的"*"来描绘构件，如图 8.8 所示。FRAME

的部分定义如下，样张为 width=15，height=8 时，查看成员函数 void DrawSelf(int x , int y)的运行结果，请分析样张图形实现该函数。

```
class FRAME
{
    protected:
        int width,height;
        int color;
    public:
        FRAME(int w,int h)
        {
            width=w;
            height=h;
        }
        virtual void DrawSelf();
};
```

② 请在 FRAME 之上派生两个新的构件类，能分别绘制直角三角形和百叶型（图形如图 8.9 所示）。派生类的绘制函数与基类 FRAME 的函数 void DrawSelf()使用相同的名字和参数表声明。

图 8.8　基本构件图

图 8.9　百叶型构件图

③ 测试派生类和基类。

方法一：在主函数中通过基类指针依次调用派生类的绘图函数 void DrawSelf()，观察类的实现是否正确。

方法二：编写函数 fun() 访问基类的绘图函数 void DrawSelf()，并在主函数中调用该函数，实现动态多态。

④ 思考：如果在基类中声明函数 void DrawSelf()，不使用关键字 virtual，测试结果会如何？

（3）定义一个基类 Animal，包含虚成员函数 Speak()，从 Animal 公有派生出 Cat 类和 Dog 类，并在 Cat 类和 Dog 中增加同名成员函数 Speak()。请编写主函数，使用基类指针调用 Cat 类和 Dog 类的成员函数 Speak()，并观察运行结果。

🖵 知识点：使用虚函数实现多态性。

```
#include <iostream>
using namespace std;
class Animal                          //基类：动物类
{
public:
```

```cpp
    virtual void Speak() { cout<<"How does a Animal speak?"<<endl; }
};
class Cat : public Animal                 //派生类：猫类
{
public:
    virtual void Speak() { cout<<"miao!miao!"<<endl; }
};
class Dog : public Animal                 //派生类：狗类
{
public:
    virtual void Speak() { cout<<"wang!wang!"<<endl; }
};
```

附录 A

教材习题解答及分析

第 1 章 计算机基础知识

1．计算机的发展经历了哪几个阶段？各个阶段的主要特征是什么？

【解答】计算机的发展经历了电子管计算机、晶体管计算机、中小规模集成电路计算机和大规模超大规模集成电路计算机等四个阶段。电子管计算机（20 世纪 40 年代中至 50 年代中）使用电子管元件，主要用于科学计算与军事。晶体管计算机（20 世纪 50 年代中至 60 年代中）使用晶体管元件，不仅用于军事与尖端技术上，而且应用于工程设计、数据处理和事务处理等方面。中小规模集成电路计算机（20 世纪 60 年代中至 70 年代）使用中、小规模集成电路，具有通用化、系列化、标准化的特点，并兼顾了科学计算、数据处理和实时控制等多方面的应用。大规模超大规模集成电路计算机（20 世纪 70 年代末开始）使用大规模超大规模集成电路，具有并行处理技术、分布式计算机系统和计算机网络，计算速度可以达每秒几百万次至几亿次。

2．设字长为 8 位，写出下列各数的补码。

125，−125，−1，255，−256，−2345

【解答】补码的表示方法为：若真值是正数，则最高位为 0，其它位保持不变；若真值是负数，则最高位为 1，其它位按位求反后再加 1。

$125 = (1111101)_2$，故

125 用 8 位二进制数表示的补码是 01111101。

−125 用 8 位二进制数表示的补码是 10000011。

$1 = (0000001)_2$，故

−1 用 8 位二进制数表示的补码是 11111111。

$255 = (11111111)_2$，真值已经有 8 位，故 255 用 8 位补码无法表示。

$256 = (100000000)_2$，真值已经有 9 位，故−256 用 8 位补码无法表示。

$2345 = (100100101001)_2$，真值已经有 12 位，故−2345 用 8 位补码无法表示。

3．完成下列十进制数转换为二进制数、八进制数和十六进制数。

102，378，126.125，40.25

【解答】对十进制数的整数部分和小数部分分别做不同转换，最后再组合。以 126.125 为例，其余类推。

（1）对整数部分 126 转化：采用除 2 取余法，逐次除以 2，每次求的余数即为二进制数的数码，直到商为 0。

2	126	余 0	最低位
2	63	余 1	↑
2	31	余 1	↑
2	15	余 1	↑
2	7	余 1	↑
2	3	余 1	↑
2	1	余 1	最高位

整数部分$(126)_{10} = (1111110)_2$

（2）对小数部分 0.125 转化：采用乘 2 取整法，逐次乘以 2，每次乘积的整数部分即为二进制数小数各位的数码。

$0.125 \times 2 = 0.250$	取整 0	最高位
$0.25 \times 2 = 0.5$	取整 0	↓
$0.5 \times 2 = 1.0$	取整 1	最低位

小数部分可得$(0.125)_{10} = (0.001)_2$

因此，$(126.125)_{10} = (1111110.001)_2$

（3）十进制数转八进制数，整数部分采用除 8 取余法，逐次除以 8，每次求的余数即为八进制数的数码，直到商为 0；采用乘 8 取整法，逐次乘以 8，每次乘积的整数部分即为八进制数小数各位的数码。

整数部分：

8	126	余 6	最低位
8	15	余 7	↑
8	1	余 1	最高位

小数部分：

$$0.125 \times 8 = 1.0 \quad 取整 1 \quad 最高位$$

因此，$(126.125)_{10} = (176.1)_8$

（4）十进制数转十六进制数，整数部分采用除 16 取余法，逐次除以 16，每次求的余数即为十六进制数的数码，直到商为 0；采用乘 16 取整法，逐次乘以 16，每次乘积的整数部分即为十六进制数小数各位的数码。

整数部分：

16	126	余 14	最低位
16	7	余 7	最高位

小数部分：

$$0.125 \times 16 = 2.0 \quad 取整 2 \quad 最高位$$

因此，$(126.125)_{10} = (7E.2)_{16}$

（5）其余结果如下：

$(102)_{10} = (1100110)_2 = (146)_8 = (66)_{16}$

$(378)_{10} = (101111010)_2 = (572)_8 = (17A)_{16}$

$(40.25)_{10} = (101000.01)_2 = (50.2)_8 = (28.4)_{16}$

4．将二进制数、八进制数和十六进制数转换为对应的十进制数。

$(11010111)_2$，$(567)_8$，$(15B)_{16}$

【解答】

$(11010111)_2 = 1×2^7+1×2^6+1×2^4+1×2^2+1×2^1+1×2^0 = 128+64+16+2+1 = 215$

$(567)_8 = 5×8^2+6×8^1+7×8^0 = 320+48+7 = 375$

$(15B)_{16} = 1×16^2+5×16^1+11×16^0 = 256+80+11 = 347$

5．某学生五门功课的成绩为 80，95，78，87，65，请写出求平均成绩的算法，并画出流程图。

【解答】用 a 表示学生成绩，第一次 a 代表第一门课成绩，第 i 次 a 代表第 i 门课成绩。用 avg 表示平均成绩。其算法如下：

（1）0→i，0→avg；

（2）输入 a；

（3）avg+a→avg；

（4）i+1→i；

（5）如果 i≤5，则返回（2）继续执行；否则，转（6）算法结束。

（6）avg/5→avg；

（7）输出 avg，算法结束。

注意：变量 i 作为控制变量，用它来控制第几门课成绩。当 i 超过 5 时，表示已对 5 门课的成绩处理完毕。

流程图为：

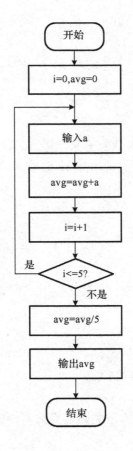

6. 任意输入三个数，将它们按从小到大的顺序排列输出。请写出相应的算法，并画出流程图。

【解答】用 a, b, c 表示三个数，用 t 表示一个临时数。其算法如下：

（1）输入 a, b, c；

（2）如果 a≥b，交换 a, b 的值（a→t；b→a；t→b）；

（3）如果 b≥c，交换 b, c 的值（b→t；c→b；t→c）；

（4）如果 a≥c，交换 a, c 的值（a→t；c→a；t→c）；

（5）输出 a, b, c，算法结束。

流程图为：

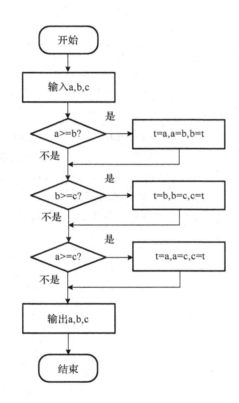

第 2 章　C++程序设计概述

1. C 语言与 C++语言有什么关系？

【解答】C 语言是面向过程的语言，没有面向对象的语法结构，而随着技术的发展，业界又迫切需要面向对象的编程特性，所以贝尔实验室的开发者就为 C 添加了面向对象的结构。C++是面向对象的语言，则一般看作是对 C 语言的扩展，但它已经完全可以被看成是一种新的编程语言。虽然 C 的特性及库函数仍然被 C++支持，不过 C++拥有自己独立的类库体系，功能相当强大。简单地说 C 语言是 C++的基础。

2. 什么是数据类型？C++语言中，基本数据类型有哪些？

【解答】数据类型是在程序中说明数据的取值范围的集合，以及定义在这个值集上的一组操作规则。一般程序中的变量用来存储值的所在之处，它们有名字和数据类型。变量的数据类型决定了如何将代表这些值的位存储到计算机的内存中。在声明变量时也可指定它的数据类型。所有变量都具有数据类型，以决定能够存储哪种数据。

C++语言的基本数据类型有如下四种。

① 整型，说明符为 int。

② 字符型，说明符为 char。

③ 浮点型（又称实型），说明符为 float（单精度），double（双精度）。

④ 空值型，说明符为 void，用于函数和指针。

为了满足各种情况的需要，除了 void 型外，上述的三种类型前面还可以加上修饰符改变原来的含义。

① signed 表示有符号。

② unsigned 表示无符号。

③ long 表示长型。

④ short 表示短型。

3．判断下列标识符的合法性。

book	5arry	_name	Example2.1	main
$1	class_cpp	a3	x*y	my name

【解答】下列标识符合法：book，_name，class_cpp，a3。

分析：在标准 C++中，合法标识符由字母或下画线开始，由字母、数字或下画线组成。其有效长度为 1~31 个字符，若长度超过 31 个字符则只识别前 31 个字符。

5arry：首字母不符合要求；

$1：首字母不符合要求；

Example2.1：不能有小数点；

x*y：不能有*；

my name：不能有空格字符；

main：是主函数的特定用词。

4．假定有下列变量：

int a=3,b=5,c=0;

double x=2.5,y=8.2,z=1.4;

char ch1='a',ch2='5',ch3='0',ch4;

求下列表达式的值：

（1）x+(int)y%a　　　　（2）x=z*b++,b=b*x,b++　　　　（3）ch4=ch3-ch2+ch1

（4）int(y/z)+(int)y/(int)z　（5）!(a>b)&&c&&(x*=y)&&b++　（6）ch3||(b+=a*c)||c++

【解答】（1）4.5　　（2）15　　（3）\　　（4）13　　（5）0　　（6）1

5．编写程序的步骤有哪些？

【解答】

第一步：根据题目要求分析问题关键，写出解决问题的算法，根据算法描述再用 C++语言编写程序。

第二步：用 Visual C++ 6.0 的开发环境编辑已编写好的 C++源程序并保存，C++的源程序是以.cpp 作为后缀的（cpp 是 c plus plus 的缩写）。

第三步：将源程序编译。为了使计算机能执行高级语言源程序，必须先用一种称为"编译器（complier）"的软件（也称编译程序或编译系统），把源程序翻译成二进制形式的"目标程序（object program）"，编译是以源程序文件为单位分别编译成目标程序，一般以.obj 或.o 作为后缀（object 的缩写）。编译的作用是对源程序进行词法检查和语法检查，编译时对文件中的全部内容进行检查，编译结束后会显示出所有的编译出错信息，一般编译系统给出的出错信息分为两种：一种是错误（error），另一种是警告（warning）。

第四步：目标文件连接。在改正所有的错误并全部通过编译后，得到一个或多个目标文件。此时，要用系统提供的"连接程序（linker）"将一个程序的所有目标程序和系统的库文件，以及系统提供的其他信息连接起来，最终形成一个可执行的二进制文件，它的后缀是.exe，是可以直接执行的。

第五步：运行 C++程序。运行最终形成的可执行的二进制文件（.exe 文件），得到运行结果。如果运行结果不正确，应检查程序或算法是否有问题。

6. 已知 1 英里 = 1.60934 千米，编程实现：输入千米数，输出显示所有转换的英里数。

【解答】程序代码如下：

```
#include <iostream>
using namespace std;
const float mile = 1.60934;
int main()
{
    float x;
    cout << "请输入公里数:" << endl;
    cin >> x;
    cout << "对应的英里数为: " << x*mile << endl;
    return 0;
}
```

7. 编程实现：输入长方体的长宽高，输出长方体的体积。

【解答】程序代码如下：

```
#include <iostream>
using namespace std;
void main()
{
    double  x,y,z;
    cout << "请输入长方体的长宽高:" << endl;
    cin >> x>>y>>z;
    cout << "对应的体积为: " << x*y*z << endl;
}
```

8. 编程实现：当 $c = 5$ 时，输入任意 x 的值，输出下面表达式的值。

$$\frac{\pi}{2} + \sqrt{\arcsin^2(x) + c^2}$$

【解答】程序代码如下：

```
#include <iostream>
#include <cmath>
```

```
using namespace std;
const int PI =3.14 ;
void main()
{
    int c=5;
    double  x;
    cout << "请输入 x:" << endl;
    cin >> x;
    cout << "对应的式子为: " <<PI/2+sqrt(arcsin(x)*arcsin(x)+c*c) << endl;
}
```

第3章 分支结构

1. 编写程序实现输入平面直角坐标系中一点的坐标值 (x, y)，判断该点是在哪一个象限中或哪一条坐标轴上。

【解答】

分析: 总共有七种情况, 第一象限, 第二象限, 第三象限, 第四象限, 原点, X 轴, Y 轴。采用条件分支, 依次判断七种条件, 若满足条件则输出对应的结果。

程序代码如下:

```
#include <iostream>
using namespace std;
int main()
{
    float x,y;
    cout<<"请输入平面直角坐标 (x,y): ";
    cin>>x>>y;
    if (x>0 && y>0)
        cout<<" ("<<x<<","<<y<<") "<<" 在第一象限"<<endl;
    else if (x<0 && y>0)
        cout<<" ("<<x<<","<<y<<") "<<" 在第二象限"<<endl;
    else if (x<0 && y<0)
        cout<<" ("<<x<<","<<y<<") "<<" 在第三象限"<<endl;
    else if (x>0 && y<0)
        cout<<" ("<<x<<","<<y<<") "<<" 在第四象限"<<endl;
    else if (x==0 && y==0)
        cout<<" ("<<x<<","<<y<<") "<<" 在原点"<<endl;
    else if (x==0 && y!=0)
        cout<<" ("<<x<<","<<y<<") "<<" 在 y 轴"<<endl;
    else if (x!=0 && y==0)
        cout<<" ("<<x<<","<<y<<") "<<" 在 x 轴"<<endl;
    return 0;
}
```

2. 编写程序实现简单计算器功能。设计程序实现计算表达式 data_1 op data_2 的值，其中 data_1、data_2 为两个实数，op 为运算符（+、-、*、/），并且都由键盘输入。

【解答】

分析：我们可以设置两个 float 变量和一个字符变量来接受输入的表达式，然后采用 switch 语句分别对四种不同的操作符设置不同的数据方案，然后打印结果。

程序代码如下：

```
#include <iostream>
using namespace std;
int main()
{
    float x,y;
        char  op;
        cout<<"please Input x op y: ";
        cin>>x>>op>>y;
        switch(op)
        {
            case '+':cout<<x<<op<<y<<"="<<x+y<<endl;break;
            case '-':cout<<x<<op<<y<<"="<<x-y<<endl;break;
            case '*':cout<<x<<op<<y<<"="<<x*y<<endl;break;
            case '/':
                if(y!=0)
                    cout<<x<<op<<y<<"="<<x/y<<endl;
                else
                cout<<"除数不能为 0, 请重新输入"<<endl;
                break;
            default:cout<<"操作符输入错误!"<<endl;
        }
    }
```

3．编写程序实现税率计算。输入一个奖金数，求税率、应交税款及实得奖金数。奖金税率如下（a 代表奖金，r 代表税率）：

$a<500$	$r=0\%$
$500 \leqslant a<1000$	$r=3\%$
$1000 \leqslant a<2000$	$r=5\%$
$2000 \leqslant a<5000$	$r=8\%$
$a \geqslant 5000$	$r=12\%$

【解答】

分析：从奖金分布我们可以看出，第一种情况下 a 小于 500，此时 $a/500$ 一定等于 0；同理，第二种 $a/500$ 等于 1；第三种 $a/500$ 可能为 2，也可能为 3；第四种 $a/500$ 的取值范围为[4,9]；最后，第五种 $a/500$ 一定大于等于 10。

考虑到若采用 switch 语句的话，switch 语句的 case 判断个数是有限的，故应将 $a>5000$ 这种情况首先判断出来单独处理，而其他情况则可以直接采用 case 语句来解决，故首先采用设置一个变量 b，采用 if 语句来判断 a 是否大于 5000，若 a 大于 5000 则直接将 b 置为 10，而其他情况下 b 则等于 $a/500$ 的商。

程序代码如下：

```
#include <iostream>
using namespace  std;
int main()
{
    int a,b;
    double dec=0, r=0, tax=0, price=0;
    cout<<"请输入奖金数"<<endl;
    cin>>a;
    if (a<0){
        cout<<"输入错误，请重新输入！"<<endl;
        return 0;
    }
    if (a>=5000)
        b=10;
    else
        b=a/500;
    switch(b)
    {
        case 10:r=12;dec=a-5000;tax+=dec*r/100;
        case 9:r=8;dec=a-dec-2000;tax+=dec*r/100;
        case 8:
        case 7:
        case 6:
        case 5:
        case 4:
        case 3:r=5;dec=a-dec-1000;tax+=dec*r/100;
        case 2:
        case 1:r=3;dec=a-dec-500;tax+=dec*r/100;break;
        case 0:
        default :cout<<"输入错误！";
    }
    price=a-tax;
    cout<<"税:"<<tax<<endl;
    cout<<"实得奖金数:"<<price<<endl;
    return 0;
}
```

4. 编写程序实现输入一个字符，判别它是否为大写字母，如果是，将它转换成小写字母；如果不是，不转换。然后输出最后得到的字符。

【解答】

分析：采用条件表达式将字符进行转换。

程序代码如下：

```
#include <iostream>
using namespace std;
int main()
{
    char ch;
    cin>>ch;
    ch=(ch>='A' && ch<='Z')?(ch+32):ch;//判别ch是否大写字母，是则转换
```

```
        cout<<ch<<endl;
        return 0;
    }
```

5. 编写程序实现输入一行字符，统计输入字符中大写字母、小写字母、数字和空白字符的个数。

【解答】

分析：

（1）大写字母、小写字母、数字的条件写法应该注意，分别写成如下形式：

```
    if(ch>='A'&&ch<= 'Z')
    if(ch>='a'&&ch<= 'z')
    if(ch>='0'&&ch<= '9')
```

（2）判断空白字符要注意条件的完备性，条件表达式应写成如下形式：

```
    if(ch== ' '||ch== '\t')
```

程序代码：略

6. C++语言的 if 嵌套中 if 与 else 配对规则是怎样的？

【解答】C++规定，else 总是与其上面离它最近的 if 配对。

7. switch 语句结构中，每一个 case 后面跟着的匹配数据是何种数据类型？

【解答】每一个 case 后面跟着的匹配数据是 byte、char、short 和 int 类型的表达式，而不能使用浮点类型或 long 类型，也不能为一个字符串。

8. 以下程序段运行后变量 a 的值为多少？

```
    int x=6,y=5;
    int a;
    a=(--x==y++)?x:y+1;
```

【解答】5

9. 写出以下程序的运行结果。

```
    int main()
    {
        int n='e';
        switch(n--)
        {
            default: printf("error");
            case 'a':
            case 'b': printf("good"); break;//break 跳出
            case 'c': printf("pass");
            case 'd': printf("warn");
        }
        return 0;
    }
```

【解答】error good

10. 写出以下程序的运行结果。

```
#include <iostream>
using namespace std;
int main()
{   int a=2,b=-1,c=2;
    if (a<b)
       if (b<0) c=0;
       else c=c+1;
    cout<<c<<endl;
    return 0;
}
```

【解答】2

第4章　循环控制结构

1. 连续输入 n 个整数（n 由键盘输入），统计其中正数、负数和零的个数。

【解答】

分析：本题涉及的知识点为累加、循环、选择。

连续输入 n 个整数，是一个反复执行的操作，需要用循环来实现；对于输入的数，需要用分支控制来判断输入的数是正数、负数还是零。使用三个变量分别代表正数、负数和零的个数，初值为 0。循环输入整数，输入一个就判断一个，所以循环体应该包括输入和判断两个部分。循环次数为 n 次，是确定次数，所以建议用 for 循环，可以写成如下算法：

```
for(i=1;i<=n;i++)
{
    输入一个整数
    判断该整数是正数、负数还是零，并将对应的变量加1
}
```

程序代码如下：

```
#include<iostream>
using namespace std;
int main()
{
    int i,n,pos=0,neg=0,zero=0,num;
    cout<<"请输入整数个数: ";
    cin>>n;
    for(i=1;i<=n;i++)
    {
        cin>>num;
        if(num>0)
            pos++;
        else if(num<0)
            neg++;
        else
            zero++;
    }
```

```
        cout<<"正数的个数为: "<<pos<<endl;
        cout<<"负数的个数为: "<<neg<<endl;
        cout<<"零的个数为: "<<zero<<endl;
        return 0;
    }
```

2．求 *n*!，*n* 由键盘输入。

【解答】

分析：本题涉及的知识点为累乘，循环。累乘次数已知，因此考虑用 for 循环实现。累乘需要一个累乘变量，它的初值应该为 1，可以定义为 "int fac=1;"。一重循环可以求某个数的阶乘，比如求 *n* 的阶乘可以写成：

```
int n,fac;
cin>>n;
fac=1;                    //fac 为累乘变量，初值为 1
for(j=1;j<=n;j++)
fac*=j;
```

程序代码如下：

```
#include<iostream>
using namespace std;
int main()
{
    int i,n,fac=1;
    cout<<"请输入整数 n:";
    cin>>n;
    for(i=1;i<=n;i++)
        fac*=i;
    cout<<n<<"的阶乘为: "<<fac<<endl;
    return 0;
}
```

3．将一个 3 位数反序输出。例如，输入 247 则输出 742。

【解答】

分析：本题也有累加的过程，但不是简单地将变量值累加上去，需要用到循环。

首先要会取出三位数的个位、十位和百位，最先取出的是个位，却是反向组合的最高位，因此需要边求边累加。可以设置一个变量，初值为 0，累加时使用，循环求出个位、十位和百位的方法是：n%10 得到个位，然后将 n 除以 10，再用 n%10 得到十位，依此类推。

写成 while 循环如下：

```
int sum=0;
while(n>0)
{
    sum=sum*10+n%10;//求个位、十位和百位
    n=n/10;
}
```

反向组合时把原来的个位当作百位，原来的百位当作个位即可。

程序代码如下：

```
#include<iostream>
using namespace std;
int main()
{
    int sum=0,n,m;
    cout<<"请输入一个三位数: ";
    cin>>n;
    m=n;
    while(n>0)
    {
        sum=sum*10+n%10;
        n=n/10;
    }
    cout<<m<<"反序后变成: "<<sum<<endl;
    return 0;
}
```

4. 输出所有的水仙花数，水仙花数是指这个数等于其个位、十位和百位的立方和。例如，$153 = 1^3+5^3+3^3$。

【解答】

分析：本题涉及的知识点为循环和分支判断。该题可以用一重循环实现，循环变量取所有的三位数，对三位数分别求个位、十位和百位，可以不用循环来求，假设这个三位数为 n，用以下公式：

个位 $= n\%10$

百位 $= n/100$

十位 $=（n-$百位$\times100-$个位$）/10$

然后求个位、十位和百位的立方和，判断它是否和这个三位数相等。

还有另外一种方法，用三重循环，每个循环变量分别代表个位、十位和百位，然后组成三位数，同样可以判断个位十位和百位的立方和是否和这个三位数相等。

程序代码如下：

```
#include<iostream>
using namespace std;
int main()
{
    int i,j,k;
    for(i=1;i<=9;i++)
        for(j=0;j<=9;j++)
            for(k=0;k<=9;k++)
                if(i*100+j*10+k==i*i*i+j*j*j+k*k*k)
                    cout<<i*100+j*10+k<<'\t';
```

```
    cout<<endl;
    return 0;
}
```

5. 使用泰勒展开式求 e^x。

$$e^x = 1 + x + \frac{x^2}{2!} + \frac{x^3}{3!} + \cdots + \frac{x^n}{n!}$$

【解答】

分析：本题涉及的知识点为迭代、累加和循环。累加初值变量

```
int sum=1;//把第一项加上去
```

循环次数为 n，但 n 由误差来决定，不是我们可以判断出来的一个已知数，使用 while 或 do-while 来完成。设 x 这一项循环变量 i 的值为 1，循环体要做以下两件事：

（1）计算第 i 项；

（2）将第 i 项的值累加到 sum。

如何计算第 i 项呢？

虽然我们会求 i! 了，但我们知道求 i! 需要用一个循环来实现，而我们累加的次数很多，程序效率很低。因此，我们考虑换一种思路，找出前后两项的关系。

i=1 时，对应项的值 item=x;

i=2 时，对应项的值 item=x*x/2 可以表示成 item=item*x/i。

继续往后看，可以发现如下规律，前后两项之间的关系如下：

```
item=item*x/i
```

可以在循环体外给 item 赋初值 1，则循环体如下：

```
i=1;item=1;sum=1;
do{
item=item*x/I;
i++;
sum+=item;
}while(item>=1e-5);
```

程序代码如下：

```
#include<iostream>
using namespace std;
int main()
{
    int i=1;
    double item=1,sum=1,x;
    cout<<"请输入 x:";
    cin>>x;
    do{
        item=item*x/i;
        i++;
        sum+=item;
    }while(item>=1e-5);
```

```
        cout<<sum<<endl;
        return 0;
    }
```

第 5 章　数组与指针

1. 数组定义的三要素是什么？请写出一维数组和二维数组的定义格式。

【解答】

数组定义的三要素是：数组元素的类型，数组名，数组元素的个数。

一维数组的定义格式：**数据类型　数组名**[表达式]

二维数组的定义格式：**数据类型　数组名**[表达式1]　[表达式2]

2. 什么叫指针？指针中存储的地址和这个地址中的值有何区别？

【解答】

指针是一种数据类型，具有指针类型的变量称为指针变量，简称为指针。指针变量存放的是另外一个对象的地址，这个地址所代表的存储空间中的值就是另一个对象的内容。

3. 运算符 "&" 和 "*" 的作用是什么？

【解答】

"*" 是对指针变量的取值运算符，表示指针变量所指向的对象的值。

"&" 是取地址运算符，可以用来得到一个对象的地址。

4. 数组 a[10]的第一个元素和最后一个元素如何表示？

【解答】

数组 a[10]的第一个元素是 a[0]，最后一个元素是 a[9]。

5. 为什么数值型数组不能整体访问，而字符型数组可以整体访问？

【解答】

例如有数值数组 int a[5]={1,2,3,4,5}，如果能整体访问将得到 12345，根本不能反映程序的目的，即分别得到 5 个数 1，2，3，4，5 。但如果有字符型数组 char a[5]={'h','u','s','t','\0'}，整体访问将得到 hust，可以表示合适的意义，而且更满足程序的需求。所以数值型数组不能整体访问，而字符型数组可以整体访问。

6. 字符数组可以用来表示字符串，那么用字符数组表示字符串时必须注意什么？

【解答】

用字符数组表示字符串时一定要保证最后一个元素是'\0'。例如：

char　str1[5]="hust"，str2[5]= {'h','u','s','t','\0'}均可以表示字符串；

char　str3[5]={'h','u','s','t'} 不能表示字符串。

7. 编写程序，用随机函数产生 10 个互不相同的两位整数，存放到一维数组中，并输出其中的素数。

【解答】程序代码如下：

```
    #include <iostream>
    #include<cstdlib>
    #include<ctime>
    using namespace std;
```

```
int main()
{
    int a[10],i,j,t;
    srand(time(0));
    cout<<"随机一维数组为:[";
    for(i=0;i<10;i++)
    {
        while(1)
        {   t=0;
            a[i]=rand()%90+10;
            for(j=0;j<i;j++)
            if(a[i]==a[j])t+=1;
            if(t==0)
            break;
        }
        cout<<a[i]<<"  ";
    }
    cout<<"]"<<endl;
    cout<<"其中的素数是:[";
    for (i=0;i<10;i++)
    {   for(j=2;j<a[i];j++)
        if(a[i]% j==0) break;
        if(j==a[i] ) cout<<a[i]<<" ";
    }
    cout<<"]"<<endl;
    return 0;
}
```

8. 编写程序, 将一组数据从大到小排序后输出, 要求显示每个元素及它们在原数组中的下标。

【解答】程序代码如下:

```
#include <iostream>
using namespace std;
int main()
{
    int a[100],b[100],i,j,n,temp;
    cout<<"输入数据个数: n=";
    cin>>n;
    cout<<"输入数据"<<endl;
    for(i=0;i<n;i++)
    {
        cin>>a[i];
        b[i]=i;
    }
    for(i=0;i<n;i++)
    for(int j=i+1;j<n;j++)
    {
        if(a[i]>a[j])
        {
```

```
            temp=a[i];
            a[i]=a[j];
            a[j]=temp;
            temp=b[i];
            b[i]=b[j];
            b[j]=temp;
        }
    }
    cout<<"排序后数组从小到大为: "<<endl;
    for(i=0;i<n;i++)
    cout<<a[i]<<" ";
    cout<<endl;
    cout<<"对应下标为: " <<endl;
    for(i=0;i<n;i++)
    cout<<b[i]<<" ";
    cout<<endl;
    return 0;
}
```

9. 编写程序，输入 10 个字符到一维字符数组 s 中，将字符串逆序输出。

【解答】程序代码如下：

```
#include <iostream>
using namespace std;
int main()
{   int n,temp;
    char str[11];
    cin.getline(str,11);
    cout<<"原字符数组为: ";
    cout<<str<<endl;
    n=9;
    do{
        temp=str[n];
        str[n]=str[9-n];
        str[9-n]=temp;
        n-=1;
    }while(n>4);
    cout<<"新字符数组为: ";
    cout<<str<<endl;
    return 0;
}
```

10. 编写程序，将 4 阶方阵转置。如下所示：

$$\begin{bmatrix} 4 & 6 & 8 & 9 \\ 2 & 7 & 4 & 5 \\ 3 & 8 & 16 & 15 \\ 1 & 5 & 7 & 11 \end{bmatrix} \quad \begin{bmatrix} 4 & 2 & 3 & 1 \\ 6 & 7 & 8 & 5 \\ 8 & 4 & 16 & 7 \\ 9 & 5 & 15 & 11 \end{bmatrix}$$

【解答】程序代码如下：

```
#include <iostream>
#include<iomanip>
using namespace std;
int main()
{
    int a[4][4]={4,6,8,9,2,7,4,5,3,8,16,15,1,5,7,11};
    int b[4][4], i, j;
    cout<<"原矩阵为: "<<endl;
    for(i=0;i<4;i++)
    {   for(j=0;j<4;j++)
        {
            b[j][i]=a[i][j];
                cout<<setw(4)<<a[i][j];
        }
        cout<<endl;
    }
    cout<<"转置矩阵为: "<<endl;
    or(i=0;i<4;i++)
    {   for(j=0;j<4;j++)
        out<<setw(4)<<b[i][j];
        out<<endl;
    }
    return 0;
}
```

11. 输入一个年份，判断该年出生的人的属相，要求使用字符数组实现。

【解答】程序代码如下：

```
#include <iostream>
using namespace std;
void main()
{
char sign[]="鼠牛虎兔龙蛇马羊猴鸡狗猪";
int year,code;
cout<<"请输入年: ";
cin>>year;
if (year>=1972)
    code=(year-1972)%12;   //1972 为鼠年
else
    code=(year-1972)%12+12;
cout<<sign[2*code]<<sign[2*code+1]<<endl;
}
```

第6章 函　　数

1. 函数的作用是什么？如何定义函数？

【解答】利用函数，可以减少重复编写程序段的工作量，同时可以方便地实现模块化的程序设计，使程序的逻辑结构更清晰。函数有两类：系统函数和用户自定义函数。自定义函数需要用户自行编写代码进行定义，只有定义了一个函数才能使用这个函数。函数定义由函数说明和函数体构成。函数说明包括函数返回类型、函数名称、参数等；函数体由实现函数功能的若干语句构成。

2．函数通过什么方式传递返回值？若需要多个返回值，如何处理？

【解答】函数通过 return 语句传递返回值。return 语句只能返回单个值，同时结束函数的执行，返回到主调函数的调用处继续执行下条语句。因而即使函数体中有多个 return 语句也只能有一个 return 语句被执行。当需要返回多个值时，需要通过传指针或传引用完成，因为当形参是指针或引用时，可以通过修改形参达到修改实参的效果，间接起到返回多个值的作用。

3．变量的生存期和变量作用域有什么区别？请举例说明。

【解答】作用域是指可以存取变量的代码范围，生存期是指可以存取变量的时间范围。作用域和生存周期是完全不同的两个概念。作用域可以看作是变量的一个有效范围，即在变量的有效范围内，可以对变量进行操作，生存周期可以看成是一个变量能存在多久，即变量获取的内存空间是否释放。例如如下函数：

```
void fun()
{
    int x;
    static int y=1;
}
```

局部变量 x、y 的作用域均限于 fun() 函数内有效，但当本次 fun() 函数调用完毕，变量 x 所占用的内存空间被释放，自动局部变量的作用域同生存期。但静态变量 y 不同，当本次 fun() 函数调用结束，只要程序没有执行完毕，y 所占用的内存空间不被释放，即下次进入 fun() 函数时，不会执行初始化"static int y=1;"语句。

4．编写函数 fun，计算正整数 n 的除 1 和 n 之外的所有因子之和，并返回此值。函数原型为 int factor(int n)。

【解答】

分析：函数的功能是求一个正整数所有的因子之和，函数参数可采用值传递，用 return 语句返回所有因子之和。求整数的所有因子可通过穷举法从 2 到 n–1 依次进行判断处理。

程序代码如下：

```
int factor(int n)
{
    int i,s=0;
    for(i=2;i<n;i++)
        if(n%i==0)
            s+=i;
    return s;
}
```

5．编写函数，实现将数字组成的字符串转换为整数，例如"2345"（字符串）转换为 2345（整数），要能处理负数。函数原型为 int functoi(char *str)。

【解答】程序代码如下：

```
int functoi(char *str)
{
    int i=0,s=0,f=1;
    if (*str=='-')
    {
        i++;
        f=-1;
    }
    while(*(str+i)!='\0')
        s=s*10+(*(str+i++)-48);
    return s*f;
}
```

6. 编写递归函数，求两个数的最大公约数，并在主函数中加以调用验证。

【解答】程序代码如下：

```
int fun(int m,int n)
{
    int r;
    r=m%n;
    if (r==0)
        return n;
    else
        return fun(n,r);
}
void main(void)
{
    int m,n;
    cout<<"m=";
    cin>>m;
    cout<<endl<<"n=";
    cin>>n;
    cout<<endl<<fun(m,n)<<endl;
}
```

7. 使用重载函数编写程序，分别把两个数和三个数从大到小排列。

【解答】程序代码如下：

```
void fun(int *a,int *b)
{
    int t;
    if (*a<*b)
    {
        t=*a;
        *a=*b;
        *b=t;
    }
```

```
}
void fun(int *a,int *b,int *c)
{
    int t;
    if (*a<*b)
    {
        t=*a;
        *a=*b;
        *b=t;
    }
    if(*a<*c)
    {
        t=*a;
        *a=*c;
        *c=t;
    }
    if(*b<*c)
    {
        t=*b;
        *b=*c;
        *c=t;
    }
}
```

8. 编写函数，实现将一个数组中的数循环左移 1 位，例如，数组中原来的数为 1, 2, 3, 4, 5，移动后变成 2, 3, 4, 5, 1。

【解答】程序代码如下：

```
void fun(int *a,int n)
{
    int i,t;
    t=*a;
    for(i=1;i<n;i++)
        *(a+(i-1))=*(a+i);
    *(a+(i-1))=t;
}
```

第 7 章 类 与 对 象

1. 运行以下代码，分析输出结果并回答以下问题：
（1）说明输出结果的产生原因；
（2）说明对象的创建顺序与析构顺序；
（3）说明语句"clock2=clock1;"与"Myclock clock3(clock1);"的区别。

```
#include<iostream>
using namespace std;
class Myclock
{
```

```
        int hp,mp,sp; //hp 表示时钟的时针, mp 表示分针, sp 表示秒针
        public:
            Myclock(int h,int m,int s);      //构造函数
            Myclock();                       //默认构造函数
            Myclock(Myclock &c);             //复制构造函数
            ~Myclock();                      //析构函数
            void setTime (int h=0,int m=0,int s=0)
            {
                hp=h;mp=m;sp=s;
            } //手动调整时间
            void showTime ()
            {
                cout<<hp<<": "<<mp<<": "<<sp<<endl;
            } //显示当前时间
    }; //end Myclock
    Myclock ::Myclock(int h,int m,int s)   //构造函数的实现
    {
        hp=h;mp=m;sp=s;
        cout<<"构造函数 Myclock(int h,int m,int s)被调用. "<<endl;
    }
    Myclock ::Myclock()           //默认构造函数的实现
    {
        hp=0;mp=0;sp=0;
        cout<<"默认构造函数 Myclock()被调用. "<<endl;
    }
    Myclock :: Myclock(Myclock &c)
    {
        hp=c.hp;mp=c.mp;sp=c.sp;
        cout<<"复制构造函数 Myclock(Myclock &)被调用. "<<endl;
    }
    Myclock ::~Myclock()          //析构函数的实现
    {
        cout<<"析构函数~Myclock()被调用: ";
        showTime();
    }
    int main()
    {
        Myclock clock1(12,30,45);
        Myclock clock2;
        Myclock clock3(clock1);
        clock2=clock1;
        clock2. setTime(7);
        clock3. setTime(11,14);
        return 0;
    }
```

【解答】

（1）说明输出结果的产生原因

构造函数 Myclock(int h, int m ,int s)被调用。

解释：对象 clock1 的创建，依据重载规则，调用构造函数 Myclock(int h, int m, int s)。

默认构造函数 Myclock()被调用。

解释：对象 clock2 的创建，依据重载规则，调用构造函数 Myclock()。

复制构造函数 Myclock(Myclock &)被调用。

解释：对象 clock3 的创建，依据重载规则，调用复制构造函数 Myclock(Myclock &)。

对象析构时顺序与创建相反，所以先析构 clock3，然后 clock2，最后 clock1，析构时调用析构函数，产生输出。

（2）说明对象的创建顺序与析构顺序

对象创建顺序为 clock1，clock2，clock3。对象析构时顺序与创建相反，先析构 clokc3，然后 clock2，最后 clock1。

（3）说明语句"clock2=clock1;"与"Myclock clock3(clock1);"的区别

"clock2=clock1;"将 clock1 的数据成员的值复制给 clock2 的数据成员，完成后，clock2 的时间与 clock1 相同。该语句是简单的赋值语句。

"Myclock clock3(clock1);"创建对象 clock3，并将 clock1 的数据成员的值复制给 clock3 的数据成员，完成后，clock3 的时间与 clock1 相同。该语句会调用类的复制构造函数来完成以上的复制过程。

2. 设计一个三角形类，类的数据成员为三角形的边长，可以计算面积、周长，并判断三角形是否为等腰三角形。创建三角形对象时，可以指定边长，或者默认三角形为等边三角形，其边长为3。

【解答】程序代码如下：

```cpp
#include <iostream>
#include <cmath>
using namespace std;
class Ctriangle{
private:
    double a,b,c;
public:
    Ctriangle(double x=3,double y=3,double z=3) {a=x;b=y;c=z;}
    double GetPerimeter(){return a+b+c;}
    double GetArea(){double p=GetPerimeter()/2;return sqrt
                    (p*(p-a)*(p-b)*(p-c));}
    bool isoceles() {if (a==b||a==c||b==c) return 1;  return 0;}
    void display();
};
void Ctriangle ::display()
{
    cout<<"Ctriangle:"<<"a="<<a<<",b="<<b<<",c="<<c<<endl;
    cout<<"周长:"<<GetPerimeter()<<endl;
```

```cpp
        cout<<"面积:"<<GetArea()<<endl;
        if (isoceles()) cout<<"等腰三角形"<<endl;
        else cout<<"非等腰三角形"<<endl;
        }
int main()
{
        Ctriangle T(3,4,5);
        T.display();
}
```

3. 设计一个用于人事管理的 People（人员）组合类。人员属性为：number （编号）、sex（性别）、birthday（出生日期）、id（身份证号）等，其中"出生日期"为"日期"类的对象。People类的成员函数包括人员信息的录入和显示，还包括构造函数、析构函数及复制构造函数。

【解答】程序代码如下：

```cpp
#include<iostream>
using namespace std;
class date{
        int year;
        int month;
        int day;
public:
        date(int Year=0,int Month=0,int Day=0);//构造函数，给出初始的年月日
        void setdate(int Year,int Month,int Day);  //设置年月日
        int get_year(){ return year;}            //获取年份
        int get_month(){ return month;}          //获取月份
        int get_day(){ return day;}              //获取日期
};
date::date(int Y,int M,int D){year=Y; month=M; day=D;}
void date::setdate(int Y,int M,int D){year=Y; month=M; day=D;}
class People{
    char number[13];
    char sex;
    date birthday;
    char id[19];
public:
    People(char[] ="x00000000000",char='f',date=(0,0,0),char []="42011100000000000x");
    People(People &);
    void printinfo();
    void re_sex(char s){ sex=s;}
    void re_number(char n[]){strcpy(number,n);}
    void re_id(char i[]){ strcpy(id,i);}
    void re_birthday(date &b){birthday=b;}
    char get_sex(){ return sex;}
    char *get_number(){return number;}
```

```cpp
    char *get_id(){ return id;}
    date get_birthday(){return birthday;}
    ~People(){};
};
People::People(char n[],char s ,date b,char i[]):birthday(b)
{
    strcpy(number,n);
    sex=s;
    strcpy(id,i);
}
People::People(People &p):birthday(p.birthday)
{
    strcpy(number,p.number);
    sex=p.sex;
    strcpy(id,p.id);
}
void People::printinfo()
{
    char line1[]="\n/**************员工信息****************/\n";
    char line2[]="/***************************************/\n";
    cout<<line1;
    cout<<"  编号      : "<<number<<endl;
    cout<<"  性别      : "<<sex<<endl;
    cout<<"  出生日期 : "<<birthday.get_year()<<":"
                        <<birthday.get_month()<<":"
                        <<birthday.get_day()<<endl;
    cout<<"  身份证号 : "<<id<<endl;
    cout<<line2;
}
int main()
{
    People demo;
    demo.printinfo();
    demo.re_number("c20121060023");
    demo.re_sex('m');
    date rb(1998,11,23);
    demo.re_birthday(rb);
    demo.re_id("420111199811234560");
    demo.printinfo();
}
```

4. 设计一个时间类，其数据成员为 hour（小时）、minute（分）和 sec（秒），请重载这个类的 "+"、"–" 运算符，实现时间的加法和减法运算。

【解答】程序代码如下：

```cpp
#include<iostream>
using namespace std;
```

```
class time{
    int hour;
    int minute;
    int sec;
public:
    time(int h=0, int m=0, int s=0) { hour=h%24; minute=m%60; sec=s%60;}
    time operator+(time &);
    time operator-(time &);
    void showtime(){cout<<hour<<" : "<<minute<<" : "<<sec<<endl;}
};
time time::operator+(time &t)
{
    time k;
    k.hour=hour+t.hour;
    k.minute=minute+t.minute;
    k.sec=sec+t.sec;
    int i;
    i=k.sec/60; k.sec=k.sec%60;
    k.minute+=i;
    i=k.minute/60;  k.minute=k.minute%60;
    k.hour+=i;
    k.hour=k.hour%24;
    return k;
}
time time::operator-(time &t)
{
    time k;
    k.sec=sec;
    k.minute=minute;
    k.hour=hour;
    if (k.sec<t.sec)    { k.sec=sec+60-t.sec; k.minute--;  }
    else k.sec=sec-t.sec;
    if (k.minute<t.minute) { k.minute=k.minute+60-t.minute; k.hour--;}
    else k.minute=k.minute-t.minute;
    if (k.hour<t.hour) k.hour=k.hour+24-t.hour;
    else k.hour=k.hour-t.hour;
    return k;
}
int main()
{
    time t1(21,12,45),t2(12,56,45);
    time t3=t1+t2;
    t3.showtime();
    t3=t1-t2;
    t3.showtime();
    t3=t2-t1;
    t3.showtime();
    return 0;
}
```

5．编写一个学生类，学生信息包括学号和成绩，利用静态数据成员和静态函数统计学生的总人数及总成绩，并输出结果。

【解答】

程序代码如下：

```cpp
#include<iostream>
using namespace std;
class student
{
    static int n;
    static double sum;
    long id;
    double score;
public:
    student(long i=201200000,double s=0) {id=i;score=s; ++n; sum+=score;}
    void re_score(double s) {sum-=score; score=s; sum+=score;}
    static int get_n(){ return n;}
    static double get_sum() {return sum;}
    ~student() {--n;}
};
int student::n=0;
double student::sum=0;
int main()
{
    student t1(201413192,89),t2(201413193,90.2);
    cout<< "学生的总人数 : "<<student::get_n()<<endl;
    cout<< "学生的总成绩 : "<<student::get_sum()<<endl;
    t2.re_score(95.7);
    cout<< "学生的总成绩 : "<<student::get_sum()<<endl;
    return 0;
}
```

第8章　继承与多态

1．说明组合类和派生类的差别。

【解答】答案见 8.3 常见问题讨论 2。

2．简单描述类型兼容与同名覆盖的差异及各自的适用情境。

【解答】答案见 8.3 常见问题讨论 3。

3．定义一个 Rectangle 类，包含两个数据成员 length 和 width，以及用于求长方形面积的成员函数。再定义 Rectangle 的派生类 Rectangular，它包含一个新数据成员 height 和用来求长方体体积的成员函数。在 main() 函数中，使用两个类，求某个长方形的面积和某个长方体的体积。

【解答】程序代码如下：

```cpp
#include<iostream>
using namespace std;
```

```
class Rectangle
{
protected:
    int length;
    int width;
public:
    Rectangle(int e=1,int d=1) {length=e; width=d;}
    setRec(int e,int d) {length=e; width=d;}
    int Getarea() {return length*width;}
    void show()
    {
        cout<<"length :"<<length<<endl;
        cout<<"width :"<<width<<endl;
    }
};
class Rectangular:public Rectangle
{
    int height;
public:
    Rectangular(int e=1,int d=1,int h=1):Rectangle(e,d)
    {height=h;}
    void Seth(int h)
    {height=h;}
    int Getarea()
    {return 2*(length*width+length*height+height*width);}
    int Getvolumn()
    {return length*height*width;}
    void show()
    {
        cout<<"length :"<<length<<endl;
        cout<<"width :"<<width<<endl;
        cout<<"height :"<<height<<endl;
    }
};
int main()
{
    Rectangle c(9,5);
    cout<<c.Getarea()<<endl;
    Rectangular t(5,6,7);
    cout<<t.Getarea()<<endl;
    cout<<t.Getvolumn()<<endl;
    t.setRec(10,10);
    t.Seth(5);
    t.show();
    cout<<t.Getvolumn()<<endl;
    return 0;
}
```

4. 使用虚函数编写程序求球体和圆柱体的体积及表面积。由于球体和圆柱体都可以看成是由圆继承而来，所以可以把圆类 Circle 作为基类。在 Circle 类中定义一个数据成员 radius 和两个虚函数 area() 和 volume()。由 Circle 类派生 Sphere 类和 Column 类。在派生类中对虚函数 area() 和 volume() 重新定义，分别求球体和圆柱体的体积和表面积。

【解答】程序代码如下：

```cpp
#include<iostream>
using namespace std;
const double PI=3.1415;
class Circle
{
protected:
    int radius;
public:
    Circle(int r=1) {radius=r;}
    setR(int r){radius=r;}
    virtual double area(){ return PI*radius*radius;}
    virtual double volume() {return 0;}
};
class Sphere:public Circle
{
public:
    Sphere(){}
    Sphere(int r):Circle(r){}
    double area(){ return 4*PI*radius*radius;}
    double volume() {return 4*PI*radius*radius*radius/3;}
};
class Column:public Circle
{
    int heigth;
public:
    Column(int h=1){heigth=h;}
    Column(int r,int h):Circle(r){heigth=h;}
    double area(){ return 2*PI*radius*radius+heigth*2*PI*radius;}
    double volume() {return PI*radius*radius*heigth;}
};
int main()
{
    Circle c1(3);
    cout<<"Circle.area : "<<c1.area()<<'\t'<<"Circle.volume : "<<c1.volume()<<endl;
    Sphere s1;
    cout<<"Sphere.area : "<<s1.area()<<'\t'<<"Sphere.volume : "<<s1.volume()<<endl;
    Column z1(7);
    cout<<"Column.area : "<<z1.area()<<'\t'<<"Column.volume : "<<z1.volume()<<endl;
    return 0;
}
```

5. 某学校对教师每月工资的计算规定如下：固定工资+课时补贴。教授的固定工资为 5000 元，每个课时补贴 50 元。副教授的固定工资为 3000 元，每个课时补贴 30 元。讲师的固定工资为 2000 元，每个课时补贴 20 元。定义教师抽象类，派生不同职称的教师类，编写程序求若干个教师的月工资。

【解答】程序代码如下：

```cpp
#include<iostream>
using namespace std;
class teacher
{
protected:
    double basic;
    double allowance;
public:
    virtual double payment(int n)=0;
};
class lecture:public teacher
{
public:
    lecture(double b=2000,double a=20) { basic=b;allowance=a; }
    double payment(int n){ return basic+allowance*n;}
};
class ad_professor:public teacher
{
public:
    ad_professor(double b=3000,double a=30) { basic=b;allowance=a; }
    double payment(int n){ return basic+allowance*n;}
};
class professor:public teacher
{
public:
    professor(double b=5000,double a=50) { basic=b;allowance=a; }
    double payment(int n){ return basic+allowance*n;}
};
double calculate( teacher *p,int n)
{
    return p->payment(n);
}
int main()
{
    teacher *p;
    lecture t1;
    ad_professor t2;
    professor t3;
    int n;
    cout<<"输入月份: ";
```

```cpp
    cin>>n;
    cout<<n<<"个月的总工资如下: "<<endl;
    p=&t1;
    cout<<"讲师      : "<<calculate(p,n)<<endl;
    p=&t2;
    cout<<"副教授    : "<<calculate(p,n)<<endl;
    p=&t3;
    cout<<"教授      : "<<calculate(p,n)<<endl;
    return 0;
}
```

附录 B

补充习题解答及分析

第1章 计算机基础知识

一、单选题

1.【解答】B   2.【解答】A   3.【解答】C   4.【解答】D

5.【解答】B   6.【解答】C   7.【解答】C   8.【解答】D

9.【解答】B   10.【解答】D   11.【解答】B   12.【解答】C

13.【解答】C   14.【解答】C   15.【解答】D   16.【解答】D

17.【解答】C   18.【解答】D   19.【解答】D   20.【解答】B

21.【解答】D   22.【解答】B   23.【解答】B   24.【解答】D

25.【解答】C   26.【解答】B   27.【解答】B   28.【解答】D

29.【解答】A   30.【解答】B

二、简答题

【解答】略

第2章 C++程序设计概述

一、单选题

1.【解答】C

分析：根据C++语言运算符优先级的规则，以上运算符优先级从低到高的次序为=、>=、+、*。

2.【解答】D

分析：分号是语句的一部分，且\n是转义字符；\68代表了八进制的6、8，而八进制中没有数字8；1E+5是实型常量；十六进制的10相当于十进制的16，相当于八进制的20。

3.【解答】A

分析：根据变量名命名要求，变量名只能由大小写字母、数字、下画线组成，且系统关键字不能作为变量名。

4.【解答】A

分析：%运算符要求是整型；关系运算值为0；两个整数相除，商为为相除后的整数部分。

5.【解答】D

分析：此题是考察++运算符、逗号运算符、条件运算符及它们运算的优先级的综合题，根据这些运算符的运算规则，得出表达式的运算结果。

6.【解答】C

分析：自增、自减运算符在变量的前面或后面，其运算结果是不同的。若++或--在变量前，则先将变量的值加 1（或减 1）后，再将变量的值参与运算；反之则先将变量的值参加运算，再将变量的值加 1（或减 1）。自增、自减运算符优先级高于算术运算符。

7.【解答】C

分析：根据 C++语言中运算符优先级的高低，"!"运算符最高，关系运算符高于逻辑运算符。则上面的表达式转换为：1&&1&&1，结果为 1。

8.【解答】D　　9.【解答】D　　10.【解答】B　　11.【解答】C　　12.【解答】B

13.【解答】C　　14.【解答】A　　15.【解答】D　　16.【解答】C　　17.【解答】C

二、填空题

1.【解答】1

分析：%运算符是求余运算，得到的结果是相除后的余数。表达式转换为 6%2+(6+1)%2=0+7%2=1。

2.【解答】4.5

分析：不同类型的数据混合运算时，可以使用强制类型转换符，强制将一种数据类型转换为另一种数据类型后再进行运算。对表达式，先求表达式的值，再转换值的类型，本题的运算结果为 4.5。

3.【解答】9

分析：逗号运算符是是将两个或多个表达式组合成一个表达式的运算符。求解时从左至右依次计算每个表达式的值，整个表达式的值就是最右边的表达式的值，本题的答案为 9。

4.【解答】e

分析：C++语言中，对字符数据进行算术运算，实际上就是对字符的 ASCII 码进行运算。以字符形式输出时，再将 ASCII 码转换为相应的字符输出。本题表达式为 ch=97+8-4=101，101 相应的 ASCII 为字符 e。

三、程序改错题

1.【解答】错误的地方：

```cpp
#include<iostream>//①
const double PI = 3.14159;
void main()
{
    double radius;                      //定义半径
    double perimeter, area ;            //定义周长和面积
    cout<<"请输入圆的半径:";
    cin>>radius, area;//②
    perimeter=2(PI)(radius);            //③计算周长
    area=(PI)(radius)(radius);          //④计算面积
    cout<<"圆的周长为和面积分别为:", perimete, area<<endl;//⑤
}
```

① #include 语句不完整。

② cin 连续输入两个变量的语句形式为：

```
cin>>radius>>area;
```

但此处也不需要对 area 变量输入数据，是要通过计算得到。

③④在算术表达式中的*号不能省。

⑤ 在输出中，有不同表达式时，需要用>>符号来连接不同表达式，而不是逗号。

改正如下：

```
#include<iostream>
using namespace std;
const double PI = 3.14159;
void main()
{
    double radius;                      //定义半径
    double perimeter, area ;            //定义周长和面积
    cout<<"请输入圆的半径:";
    cin>>radius;
    perimeter=2*(PI)*(radius);          //计算周长
    area=(PI)*(radius)*(radius);        //计算面积
    cout<<"圆的周长和面积分别为:"<<perimeter<<"和"<<area<<endl;
}
```

2.【解答】错误的地方：

```
#include<iostream>
using namespace std;
int main()
{   double  x,y;
    int a;
    cout<<"输入实数数据 x, y: "<<endl;
    cin>>x>>y;
    cout<<"x: "<<x<<'\t'<<"y: "<<y<<endl; //①
    cout<<"x^2+y^2="<<pow(x,2)+pow(y,2)<<endl;//②
    cout<<"输入字符的 ACSII 数据 a: "<<endl;
    cin>>a;
    cout<<"输出变量 a 对应的字符: "<<a<<endl;//③
    return 0;
}
```

① 输出实数无法保持小数点的位数，需要格式输出。

② 输出实数无法保持小数点的位数，并且 pow()函数的头文件没有导入。

③ 整数和字符间需要强制类型转换。

改正如下：

```
#include<iostream>
#include<cmath>
#include<iomanip>
```

```
using namespace std;
int main()
{  double  x,y;
   int a;
   cout<<"输入实数数据 x, y: "<<endl;
   cin>>x>>y;
   cout<<setiosflags(ios::fixed)<<setprecision(2);
   cout<<"x: "<<x<<'\t'<<"y: "<<y<<endl;
   cout<<"x^2+y^2="<<pow(x,2)+pow(y,2)<<endl;
   cout<<"输入字符的 ACSII 数据 a: "<<endl;
   cin>>a;
   cout<<"输出变量a对应的字符: "<<char(a)<<endl;
   return 0;
}
```

四、编程题

1. 【解答】程序代码如下：

```
#include<iostream>
using namespace std;
int main()
{ const double l=7.8,pi=3.1415926;
double s,v,m,r;
cout<<"请输入球的半径 r=";
cin>>r;
s=4*pi*r*r;
v=4/3*pi*r*r*r;
  m=v*l;
  cout<<"球的表面积 s="<<s<<'\t'<<"球的体积 v="<<v<<'\t'<<
        "球的质量 m="<<m<<endl;
 return 0;
}
```

2. 【解答】程序代码如下：

```
#include<iostream>
#include<iomanip>
using namespace std;
int main()
{   double  x;
    int a;
    char c,b[10];
    cout<<"输入整数数据 a: "<<endl;
    cin>>a;
    cout<<"输入实数数据 x: "<<endl;
    cin>>x;
    cout<<"输入字符数据 c: "<<endl;
    cin>>c;
    cout<<"输入字符串数据 b: "<<endl;
```

```
cin.getline(b,10);
cout<<setw(8)<<"数据类型"<<'\t'<<"实际数据"<<endl;
cout<<setw(8)<<"字符"<<'\t'<<c<<endl;
cout<<setw(8)<<"字符串"<<'\t'<<b<<endl;
cout<<setiosflags(ios::fixed)<<setprecision(2);
cout<<setw(8)<<"实数"<<'\t'<<x<<endl;
cout<<setw(8)<<"整数"<<'\t'<<a<<endl;
return 0;
}
```

3.【解答】程序代码如下：

```
#include<iostream>
#include<cmath>
using namespace std;
int main()
{   double  x,y;
    cout<<"输入实数数据 x: "<<endl;
    cin>>x;
    y=sin(x)+pow(x,2)*cos(x);
    cout<<"输出表达式的值 y: "<<y<<endl;
    return 0;
}
```

第3章 分支结构

一、单选题

1.【解答】C　　2.【解答】A　　3.【解答】B　　4.【解答】A
5.【解答】C　　6.【解答】B　　7.【解答】B　　8.【解答】B
9.【解答】C　　10.【解答】D

二、程序改错题

1.【解答】

分析：程序中条件表达式为 if(fabs(x*x+y*y)–1<1e-3)。输入点坐标后经过计算，然后判断其值是否在单位圆上的精度为小数点后 3 位。那么，此题错在：

（1）在计算精度值时应该是 fabs（x*x+y*y-1);

（2）浮点数的比较只能是小于或大于，不可能相等。

因此，程序代码中条件表达式应改为：

```
if(fabs(x*x+y*y-1)<1e-3)
```

2.【解答】

分析：当程序 else if(a==1)的下面语句块中语句数大于 1 条时，必须运用一对花括号"{}"将其包括起来，表示一个复合语句块。

因此，程序代码应改为：

```
…
if(a<1)
    c=2;
else if(a==1){
    b=2;
    c=3;
}
else{
    b=3;
    c=4;
}
…
```

3.【解答】

分析:

（1）在 switch-case 语句中，每一个 case 子句中，常量表达式如果是单字符常量时，必须使用一对单引号括起来；

（2）除法运算必须判断分母不能为零。

因此，程序代码应改为：

```
#include<iostream>
#include<cmath>
using namespace std;
void main()
{
    float x,y;
    char op;
    cin>>x>>op>>y;
    switch(op)
    {
    case '+':cout<<x+y<<endl;break;
    case '-':cout<<x-y<<endl;break;
    case '*':cout<<x*y<<endl;break;
    case '/':
        if(y!=0)
            cout<<x/y<<endl;
        else
            cout<<"输入数据错误！";
        break;
    }
}
```

三、编程题

1.【解答】

分析：采用条件分支结构，首先判断 a 和 b 的大小，将较大的值赋值给 a，较小的赋值给 b，同理再判断 a 和 c 的大小，这样能够将 3 个数中最大的值赋值给 a，然后判断 b 和 c 的大小，并做相同的处理即可。

程序代码如下：

```cpp
#include <iostream>
using namespace std;
void main()
{   int a,b,c,temp;
    cout<<"please Input a,b,c: ";
    cin>>a>>b>>c;
    if (a<b)
      {temp=a;a=b;b=temp;}          //a 与 b 交换
    if (a<c)
      {temp=a;a=c;c=temp;}          //a 与 c 交换
    if (b<c)
      {temp=b;b=c;c=temp;}          //b 与 c 交换
    cout<<a<<'\t'<<b<<'\t'<<c<<endl;
}
```

2. 【解答】

分析：此题可以从两个方向来考虑，先判断整数的正负性，然后判断奇偶性。

程序代码如下：

```cpp
#include <iostream>
using namespace std;
void main()
{   int  i;
    cout<<"请输入一个整数: ";
    cin>>i;
    if (i>0)
       if (i % 2==0)
         cout<<i<<" is positive even number"<<endl;
       else
         cout<<i<<" is positive odd number"<<endl;
    else
       if (i % 2==0)
         cout<<i<<" is negative even number"<<endl;
       else
         cout<<i<<" is negative odd number"<<endl;
}
```

第4章 循环控制结构

一、选择题

1.【解答】D   2.【解答】C   3.【解答】C   4.【解答】C
5.【解答】B   6.【解答】B   7.【解答】B   8.【解答】C
9.【解答】C   10.【解答】B

二、程序改错题

1.【解答】

分析：

（1）sum 是用来累加的变量，却没有初始化；

（2）for 循环的循环体应该包括两条语句，当循环体由多条语句组成时，需要将这多条语句用{}括起来，组成复合语句。

因此，程序代码应改为：

```
#include<iostream>
using namespace std;
int main()
{
    int i,sum=0,x;
    for(i=1;i<=10;i++)
    {
        cin>>x;
        sum+=x;
    }
    cout<<sum<<endl;
    return 0;
}
```

2.【解答】

分析：

（1）语法错误，while 表达式后面少了分号；

（2）逻辑错误，i 的值没有改变，无法让 while 后面的表达式不成立，是无限循环。

因此，程序代码应改为：

```
#include<iostream>
using namespace std;
int main()
{
    int i=1,sum=0;
    do{
        sum+=i;
      i++;
    }while(i<=10);
    return 0;
}
```

三、编程题

【解答】 略

第5章　数组与指针

一、单选题

1.**【解答】** B　分析：仅有数组元素初始值均列举时才可省略数组元素个数。

2．【解答】A　分析：应该是 p=&r，p 已经定义，前面不能加*。

3．【解答】A　分析：cin 输入数据时遇到空格、Tab 键、回车键结束。

4．【解答】A　分析：先定义整型指针变量，然后将 k 的地址赋给变量 p。

5．【解答】D　分析：字符串"point"包含有 6 个字符隐含了'\0'.

6．【解答】D　分析：A 答案是*arr 的值在加 1，而*arr 得值是 1，所以*arr+1 是 2。

7．【解答】C　分析：5 个字符加隐含的'\0'，一共 6 个字符。

8．【解答】A

9．【解答】C　分析：char *a[]={"fortran","basic","java","c++"}是包括 4 个元素的指针数组，每个元素都是指针类型，分别存储 4 个字符串的首地址。a[2]存储的是"java"的首地址，cout<<a[2]输出对应的字符串。

10．【解答】A　分析：

s1，s2 是不同的指针变量，在内存中占据不同的存储空

间，地址当然不一样，而&s1，&s2 就是取对应存储空间的地址，所以&s1，&s2 不等。

11．【解答】D　分析：比较两个字符串是否相等需要调用函数 strcmp()，str1==str2 是比较两个字符串的首地址。

12．【解答】B

二、阅读下列程序，写出各程序的执行结果

1．【解答】HELLO,WORLD

2．【解答】abcd

3．【解答】Matrixtest:

　　　　1

　　　　4 5

　　　　7 8 9

4．【解答】OurteacherteachClanguage!

5．【解答】11001

6．【解答】21

三、程序改错题

1．【解答】语句 int m,a[m]; 错误，因为 m 是变量不能作为定义数组的下标表达式。因此，程序代码应修改为：

```
const int m=10;   int a[m];
```

2．【解答】数值型数组不能整体访问，必须使用循环逐一输入输出数组的各元素。因此，程序代码应修改为：

```
for (int i=0 ;i< 5; i++)   cin>>a[i];
for (int i=0 ;i< 5; i++)   cout<<a[i];
```

3．【解答】char c[10]="I am a student"; 定义的数组 c 越界了。因此，程序代码应修改为：

```
char c[ ]="I am a student";
```

4.【解答】*p=a; 错误, 数组名 a 是地址, 只能将其赋给指针变量。因此, 程序代码应修改为:

```
p=a;
```

四、编程题

【解答】略。

第6章 函　数

一、单选题

1.【解答】A

分析: 函数不能嵌套定义, 即函数体内不能包含另一个函数的定义, 但函数是可以嵌套调用的。

2.【解答】D

分析: return 语句只能返回一个值, 其值由 return 语句后面的表达式确定。若需要返回多个值, 则需采用其他方法, 比如设置形参为指针或者引用变量。

3.【解答】C

分析: 局部静态变量的作用域在所定义的块内, 但静态变量在静态数据区, 其生命期属于整个程序。

4.【解答】D

分析: 数组名表示数组第一个元素的地址。

5.【解答】B

6.【解答】A

分析: 按照局部优先的规则, 全局变量被隐藏, 通过域运算符::可显示全局变量。

7.【解答】D

8.【解答】D

9.【解答】D

分析: 函数的形参必须是变量的形式, 不允许是表达式。

10.【解答】B

分析: 实参与形参是数组的情况, 形参数组不再分配存储空间, 形参数组与实参数组共用相同的地址空间。

二、程序改错题

1.【解答】语句 "n=n%i;" 错误, 因为%与/的含义不同, 确认 i 是否为 n 的因子时, 使用%运算, 判断其值是否为零。去除 n 中因子时, 就应使用/运算。因此, 程序代码应修改为:

```
n=n/i
```

2.【解答】语句 "s[j]=j;" 错误, 因为 s 数组存放删除后的字符串, 当循环操作完成后, 字符串的结尾标识'\0'没有赋值到最后一个位置, 循环完成后, 需要将 '\0' 赋值给 s 数组的最后一个元素。因此, 程序代码应修改为:

```
s[j]='\0';
```

3.【解答】语句"cout<<n/10;"和语句"n=n%10;"错误，因为反序输出一个整数，显然首先输出其个位数，取个位数要用%运算，当输出该数的个位数后，可将该数整除以 10 使用/运算，依次类推，直到 n 为 0 结束循环。因此，程序代码应修改为：

```
(1)cout<<n%10;
(2)n=n/10;
```

4.【解答】语句"void yanghui(int b[][n], int n)"和语句"b[i][j]=b[i][j]+b[i-1][j-1];"错误，因为二维数组的定义不能使用变量，本题 N 代表不同的标识符，N 定义为常量，而 n 定义为变量；根据杨辉三角形的定义，其元素的值应为其左上方（i-1,j-1）和正上方（i-1,j）的元素之和。因此，程序代码应修改为：

```
(1)void yanghui(int b[][N],int n)
(2)b[i][j]=b[i-1][j-1]+b[i-1][j];
```

三、编程题

【解答】略。

第 7 章 类 与 对 象

一、单选题

1.【解答】B   2.【解答】C   3.【解答】A   4.【解答】C
5.【解答】D   6.【解答】B

二、编程题

【解答】略。

第 8 章 继承与多态

一、单选题

1.【解答】D   2.【解答】A   3.【解答】C   4.【解答】D   5.【解答】D
6.【解答】C   7.【解答】C   8.【解答】D

二、判断题

1.【解答】对   2.【解答】错   3.【解答】错   4.【解答】错   5.【解答】错
6.【解答】错   7.【解答】对   8.【解答】错   9.【解答】错   10.【解答】错
11.【解答】错   12.【解答】对   13.【解答】错   14.【解答】对   15.【解答】错
16.【解答】对   17.【解答】错   18.【解答】对   19.【解答】对   20.【解答】对
21.【解答】错

三、编程题

【解答】略。